计算机信息管理丛书

面向对象程序设计 Java

主 编 肖 毅
副主编 肖 明 王忠义

科 学 出 版 社

北 京

内 容 简 介

  Java 是一门优秀的纯面向对象语言。本书从 Java 的基本概念入手，循序渐进地介绍 Java 语言程序设计基础、面向对象程序设计、图形用户界面设计、异常处理、多线程设计、图形图像处理及 Applet 小程序设计等。在讲解过程中，始终强调以面向对象的思想来分析问题与解决问题。本书案例设计巧妙，讲解细致透彻，步骤清晰翔实，方便读者自学，每章均配备习题。习题参考答案请扫目录页二维码。

  本书既可作为计算机及 IT 相关专业本科生程序设计课程的入门教材，又可作为信息管理与信息系统、电子商务，信息资源管理等非计算机类专业面向对象程序设计课程的教材，同时还可供广大软件开发人员及 IT 行业从业人员参考。

图书在版编目（CIP）数据

面向对象程序设计 Java / 肖毅主编. —北京：科学出版社，2019.11
（计算机信息管理丛书）
ISBN 978-7-03-062507-6

Ⅰ.①面…　Ⅱ.①肖…　Ⅲ.①JAVA 语言－程序设计　Ⅳ.①TP312.8

中国版本图书馆 CIP 数据核字（2019）第 213629 号

责任编辑：闫　陶 / 责任校对：高　嵘
责任印制：张　伟 / 封面设计：莫彦峰

科学出版社 出版
北京东黄城根北街 16 号
邮政编码：100717
http://www.sciencep.com

北京凌奇印刷有限责任公司印刷
科学出版社发行　各地新华书店经销
*

2019 年 11 月第　一　版　开本：787×1092　1/16
2025 年 1 月第四次印刷　印张：16 1/4
字数：363 000

定价：56.00 元
（如有印装质量问题，我社负责调换）

前　言

早期的计算机编程是基于面向过程的方法，它将应用程序看成实现某些特定任务的功能模块，在每个功能模块中，用数据结构描述待处理数据的组织形式，用算法描述具体的操作过程。面对日趋复杂的应用系统，这种方法逐渐力不从心。为适应现代社会对软件开发的要求，面向对象程序设计应运而生。通过面向对象的方式，将现实世界的事物抽象成对象，现实世界中的关系抽象成类、继承，帮助人们实现对现实世界的抽象与数字建模。面向对象的方法，更有利于用人们容易理解的方式对复杂系统进行分析、设计与编程。

Java 是一门纯面向对象编程语言，极好地实现了面向对象理论，不仅吸收了 C++语言的各种优点，而且摒弃了 C++里难以理解的多继承、指针等概念，因此 Java 具有功能强大和简单易用的特点。Java 可以编写桌面应用程序，尤其适合开发 Web 应用程序，随着互联网的发展，Java 在 Web 应用方面所表现出的强大特性，使其成为当今 Web 开发的主流工具。

Java 非常适合作为高等院校本科生程序设计课程，尤其是面向对象程序设计课程。本书从始至终贯穿面向对象的编程思想，案例的选取紧扣"面向对象"主题，重视思想和方法的传授，而不是知识的简单罗列，能够使学生更容易体会并掌握面向对象编程思想，为进一步深入学习打下基础。

全书共九章，第 1 章介绍 Java 的起源、语言特点、程序运行机制及开发过程；第 2 章全面介绍 Java 语言基础知识，包括 Java 语言基本元素、基本数据类型、引用数据类型、运算符、表达式及流程控制；第 3 章类与对象，介绍面向对象的基本概念、面向对象的三大特征，从对象的概念入手，到如何设计类，此外还包括如何创建和使用对象、构造器、方法重载、类的访问控制、static 静态成员、包的概念及应用；第 4 章介绍继承与多态，包括类的继承、类成员方法的覆盖、final、抽象类与抽象方法，从接口设计的目的出发，逐步引导读者理解如何用接口实现多重继承、多态的概念及实现，以及内部类的概念及使用方法；第 5 章介绍 Java 图形用户界面，具体包括 Java 图形用户界面类库、Swing 常用组件、Swing 组件的层次结构、事件处理机制、图形界面编程；第 6 章介绍异常处理，包括异常的概念、异常的分类、异常的处理机制、自定义异常类等；第 7 章介绍多线程，包括进程与线程的概念、线程的生命周期、线程的常用方法、多线程的编程方式、死锁等相关问题的处理；第 8 章介绍图形绘制、图像的处理等；第 9 章介绍 Applet 小程序的设计方法。

本书第 1 章由肖毅、熊凯伦编写，第 2、8、9 章由张孜铭编写，第 3～5 章由郑鑫、王忠义编写，第 6 章由肖毅、王欢编写，第 7 章由王妞妞、肖明编写。

本书提供完整的示例程序来介绍基本概念，所有程序都运行通过，另外还提供各章例题和习题答案，方便教师教学。由于时间仓促及水平有限，书中难免存在不妥之处，敬请广大读者批评指正。

在本书的编写和出版过程中，得到了科学出版社的大力支持，同时也得到了家人、同事及朋友的大力帮助，在此对他们表示诚挚的谢意！尤其是我可爱的女儿肖雨桐，总是能给我带来快乐。

肖　毅

2019 年 6 月

目　　录

习题参考答案
请扫二维码

第 1 章　Java 语言概述

在学习 Java 语言之前，首先了解 Java 语言的产生与发展历程，以及它有哪些特性。通过了解 Java 语言的历史和特性，才会更深刻地理解这门语言，运用这门语言，并增加学习 Java 语言的信心。本章将向读者阐述 Java 语言的产生、发展、运行环境及语言程序的运行等相关内容。

1.1　编程语言的发展

编程就是让计算机为解决某个问题而使用某种程序设计语言编写程序代码，并最终得到结果的过程。为了使计算机能"听懂"人的意图，人们将一系列需解决的问题的思路、方法和手段以计算机的语言形式传递给计算机，使计算机能根据人们的指令来逐步解决问题，完成任务。这种人和计算机之间交流的过程就是编程。

从计算机问世以来，随着计算机硬件和软件的不断优化更新，计算机的编程语言经历了机器语言、汇编语言、高级语言及面向对象的程序设计语言阶段。

1.1.1　机器语言

1. 定义

机器语言（machine language）是一种指令集的体系，也称为二进制代码语言。这种指令集，称机器码（machine code），是计算机 CPU（central processing unit，中央处理器）可直接解读的数据。机器码有时也被称为原生码（native code），这个名词比较强调某种编程语言或库与运行平台相关的部分。

机器语言是用二进制代码表示的计算机能直接识别和执行的一种机器指令的集合。它是计算机的设计者通过计算机的硬件结构赋予计算机的操作功能。机器语言具有灵活、直接执行和速度快等特点。不同型号的计算机，其机器语言是不相通的。

一条指令就是机器语言的一个语句，它是一组有意义的二进制代码。指令的基本格式，操作码字段和地址码字段，操作码字段指明了指令的操作性质及功能，地址码字段则给出了操作数或操作数的地址。例如，0000 代表加载（load），0001 代表存储（store）。

用机器语言编写程序，编程人员首先要熟记所用计算机的全部指令代码和代码的含义。手动编程序时，程序员不仅要自己处理每条指令和每一数据的存储分配与输入输出，而且要记住编程过程中每步所使用的工作单元处在何种状态，这是一件十分烦琐的工作。

编写程序花费的时间往往是实际运行时间的几十倍或几百倍，而且编出的程序全是 0 和 1 的指令代码，直观性差，还容易出错。除了计算机生产厂家的专业人员外，绝大多数的程序员已经不再使用机器语言。

2. 机器语言的运用

计算机公司设计生产的计算机，其指令的数量与功能、指令格式、寻址方式、数据格式都不相同。从计算机的发展过程中可以了解到，由于构成计算机的硬件发展迅速，计算机的更新换代很快，这就存在软件如何跟上硬件的问题。新型计算机推出交付使用时，只有少量系统软件（如操作系统等）可提供给用户，后期需要不断更新和安装新的应用程序。为了缓解新型计算机的推出致使原有应用程序不能继续使用的问题，各计算机公司生产同一系列的计算机时，尽管其硬件实现方法可以不同，但指令系统、数据格式、I/O 系统等保持一致，因而软件完全兼容。当研制该系列计算机的新型号时，尽管指令系统可以有较大的扩充，但仍保留了原来的全部指令，使软件向上兼容，即旧机型上的软件不加修改即可在新机器上运行。

计算机运行的实质是二进制代码运算的结果。但二进制代码使用起来太麻烦，于是后来就在其基础上发展出汇编语言，但是汇编语言依然不直观，最终就出现了现代编程所采用的高级语言。这是计算机编程语言的发展过程。

3. 机器语言的缺点

总体来说，机器语言的缺点有以下几方面。

（1）大量繁杂琐碎的细节牵扯着程序员的精力，使他们不可能用更多的时间和精力从事创造性的劳动。

（2）程序员既要驾驭程序设计的全局，又要深入每一个局部直到实现细节，即使智力超群的程序员也常常会顾此失彼，屡出差错，因而所编出的程序可靠性差，且开发周期长。

（3）由于用机器语言进行程序设计的思维和表达方式与人们的习惯大相径庭，只有经过较长时间职业训练的程序员才能胜任，程序设计普及率低。

（4）因为它的书面形式全是"密"码，所以可读性差，不便于交流与合作。

（5）机器语言通用性较差。各计算机公司设计生产的计算机，其指令的数量与功能、指令格式、寻址方式、数据格式都有差别，即使是一些常用的基本指令，如算术逻辑运算指令、转移指令等也各不相同。因此，尽管各种型号计算机的高级语言基本相同，但将高级语言程序编译成机器语言后，其差别巨大。

这些弊端造成当时的计算机应用未能迅速得到推广。

1.1.2　汇编语言

1. 定义

汇编语言（assembly language）是面向机器的程序设计语言。用英文字母或符号串来替代机器语言的二进制码，这样就把不易理解和使用的机器语言变成了汇编语言，这样汇编语言就比机器语言更易于阅读和理解程序。

在汇编语言中，用助记符（mnemonics）代替机器指令的操作码，用地址符号（symbol）或标号（label）代替指令或操作数的地址。在不同的设备中，汇编语言对应着不同的计算机语言指令集，通过汇编过程转换成计算机指令。特定的汇编语言和特定的计算机语言指令集是一一对应的，不同平台之间不可直接移植。

许多汇编程序为程序开发、汇编控制、辅助调试提供了额外的支持机制。有的汇编语言编程工具经常会提供宏汇编器。

汇编语言不像其他大多数的程序设计语言一样被广泛用于程序设计。在实际应用中，它通常被应用在系统底层设计、硬件操作和高要求的程序优化等场景。驱动程序、嵌入式操作系统和实时运行程序都需要汇编语言。

2. 总体特点

1）机器相关性

汇编语言是一种面向机器的低级语言，通常是为特定的计算机或系列计算机专门设计的。因为是机器指令的符号化表示，所以不同的机器就有不同的汇编语言。使用汇编语言能面向机器并较好地发挥机器的特性，得到质量较高的程序。

2）高速度和高效率

汇编语言保持了机器语言的优点，具有直接和简捷的特点，可有效访问、控制计算机的各种硬件设备，如存储器、CPU、I/O 端口等，且占用内存少，执行速度快，是高效的程序设计语言。

3）编写和调试的复杂性

汇编语言直接控制硬件，且简单的任务也需要很多语句，在进行程序设计时必须面面俱到，需要考虑诸多因素，需要合理调配和使用各种软件、硬件资源。所以，不可避免地加重了程序员的负担。而且在程序调试时，一旦程序的运行出了问题，不能及时发现。

1.1.3　高级语言

汇编语言依赖硬件体系，并且该语言中的助记符数量较多，所以其运用起来仍然不够方便。为了使程序语言能更贴近人类的自然语言，同时又不依赖于计算机硬件，便产生了高级语言（high-level programming language）。

高级语言是高度封装了的编程语言，与低级语言相对。它是以人类的日常语言为基础的一种编程语言，使用一般人易于接受的文字来表示（如汉字、不规则英文或其他外语），从而使程序编写员编写更容易，也有较高的可读性，计算机认知较浅的人也可以大概明白其内容。因为早期计算机业的发展主要在美国，所以高级语言都是以英语为蓝本的。

高级语言远离对硬件的直接操作，因而易于被普通人所理解与使用，其中影响较大、使用普遍的高级语言有 Fortran、Algol、BASIC、COBOL、LISP、Pascal、Prolog、C、C++、VC、VB、Delphi、Java 等。

1.1.4　面向对象的程序设计语言

面向对象的程序设计语言（object-oriented language）是一类以对象为基本程序结构单位的程序设计语言，用于描述的设计是以对象为核心的，而对象是程序运行时刻的基本成分，语言中提供了类、继承等成分。

1. 产生

面向对象语言借鉴了 20 世纪 50 年代的人工智能语言 LISP（list processing），引入了动态绑定的概念和交互式开发环境的思想；它始于 20 世纪 60 年代的离散事件模拟语言 Simula 67，引入了类的要领和继承，成形于 20 世纪 70 年代的 Smalltalk。

2. 发展方向

面向对象的程序设计语言的发展有两个方向：一种是纯面向对象语言，如 Smalltalk、Eiffel 等；另一种是混合型面向对象语言，即在过程式语言及其他语言中加入类、继承等成分，如 C++、Objective-C 等。

3. 主要特点

面向对象语言刻画客观系统较为自然，便于软件扩充与复用，有四个主要特点。
（1）识认性，系统中的基本构件可识别为一组可识别的离散对象。
（2）类别性，系统具有相同数据结构与行为的所有对象可组成一类。
（3）多态性，对象具有唯一的静态类型和多个可能的动态类型。
（4）继承性，在基本层次关系的不同类中共享数据和操作。

1.2　Java 简介

1.2.1　Java 的产生与发展

Java 于 1991 年由 Sun 公司开发，它的诞生主要得益于家用电器的芯片的发展。当时，Sun 公司为了抢占消费类电子产品的市场，成立了一个名为 Green 的项目小组，该项目由帕特里克、詹姆斯·高斯林、麦克·舍林丹和其他几个工程师负责，目的就是开发嵌入家电的软件系统，使电器更为智能化。

项目组成员刚开始考虑采用 C++ 来编写程序，但对于硬件资源极其匮乏的单片式系统来说，C++ 程序太过庞大和复杂。在对新语言进行设计时，Sun 公司研发人员并没有去开发一种全新的语言，而是根据嵌入式软件的要求，对 C++ 进行了改造，去除了留在 C++ 的一些不太实用和影响安全的成分，并结合嵌入式系统的实时性要求，开发了一种名为 Oak 的面向对象语言（Java 语言的前身）。

1992 年，Oak 语言开发成功，但由于缺乏硬件的支持而无法进入市场，从而被搁置起来。

1995 年，互联网的蓬勃发展给了 Oak 机会。各大公司都在竞相开发一种可以通过网络传播并且能够跨平台运行的程序。Sun 公司首先推出了可以嵌入网页并且可以随同网页在网络上传输的 Applet（是一种能将小程序嵌入网页中进行执行的技术），同时将 Oak 更名为 Java。5 月 23 日，Sun 公司在 Sun world 会议上正式发布 Java 和 Hot Java 浏览器。IBM、Apple、DEC、Adobe、HP、Oracle、Netscape 和微软等各大公司纷纷停止了自己的相关开发项目，竞相购买了 Java 使用许可证，并为自己的产品开发了相应的 Java 平台。

1996 年 1 月，Sun 公司发布了 Java 的第一个开发工具包（JDK 1.0），这是 Java 发展历程中的重要里程碑，标志着 Java 成为一种独立的开发工具。10 月，Sun 公司发布了 Java 平台的第一个即时编译器（JIT）。

1998 年 12 月 8 日，第二代 Java 平台的企业版发布。

1999 年 6 月，Sun 公司发布了第二代 Java 平台（简称为 Java 2）的三个版本：J2ME（Java 2 Micro Edition，Java 2 平台的微型版），应用于移动、无线及有限资源的环境；J2SE（Java 2 Standard Edition，Java 2 平台的标准版），应用于桌面环境；J2EE（Java 2 Enterprise Edition，Java 2 平台的企业版），应用于基于 Java 的应用服务器。Java 2 平台的发布，是 Java 发展过程中最重要的一个里程碑，标志着 Java 的应用开始普及。

2000 年 5 月，JDK 1.3、JDK 1.4 和 J2SE 1.3 相继发布，几周后其获得了 Apple 公司 Mac OS X 的工业标准的支持。

2001 年 9 月 24 日，J2EE 1.3 发布。

2002 年 2 月 26 日，J2SE 1.4 发布。

2005 年 6 月，在 Java One 大会上，Sun 公司公开 Java SE 6。此时，Java 的各种版本已经更名，已取消其中的数字"2"：J2EE 更名为 Java EE，J2SE 更名为 Java SE，J2ME 更名为 Java ME。

2006 年 12 月，Sun 公司发布 JRE 6.0。

2009 年，Oracle 公司宣布收购 Sun 公司，Java 版权归 Oracle 公司所有。

2010 年，Java 编程语言的共同创始人之一詹姆斯·高斯林从 Oracle 公司辞职。

2011 年，Oracle 公司举行了全球性的活动，以庆祝 Java 7 的推出，随后 Java 7 正式发布。

2014 年，Oracle 公司发布了 Java 8 正式版。

1.2.2　Java 的应用领域

（1）安卓 APPS。许多的安卓应用程序都是 Java 程序员开发的。虽然安卓运用了不同的 JVM（Java virtual machine，Java 虚拟机）及不同的封装方式，但是代码还是用 Java 语言编写的。很多手机都可以运行 Java 游戏，这就让很多非程序员认识了 Java。

（2）金融服务行业应用的服务器程序。Java 在金融服务业的应用非常广泛，很多第三方交易系统平台、银行及金融机构都选择用 Java 来开发，因为相对而言，Java 程序比较安全。大型跨国投资银行用 Java 来编写前台和后台的电子交易系统、结算和确认系统、数据处理项目及其他项目。大多数情况下，Java 被用在服务器端开发，但多数没有任何前端，它们通常是从一个服务器（上一级）接收数据，处理后发向另一个处理系统（下一级）。

（3）网站应用。Java 在电子商务领域及网站开发领域占据一席之地。开发人员可以运用许多不同的框架来创建 Web 项目、Spring MVC、Struts 2.0 及 FrameWorks。即使是简单的 Servlet、JSP（Java Server Pages）和以 Struts 为基础的网站在政府项目中也经常被用到。例如，医疗救护、教育、保险、国防及其他的不同部门网站都是以 Java 为基础来开发的。

（4）嵌入式领域。Java 在嵌入式领域发展空间很大。在这个平台上，只需 130KB 就能够使用 Java 技术（在智能卡或者传感器上）。

（5）大数据技术。Hardtop 及其他大数据处理技术很多都是用 Java，如 Apache 的基于 Java 的 HBase 和 Accumulo 及 Elastic Searchas。

（6）高频交易的空间。Java 平台提高了高频交易平台的特性和即时编译，它同时也能够像 C++一样传递数据。正是这个原因，Java 成为程序员编写交易平台的语言，虽然其性能不如 C++，但其拥有安全性、可移植性和可维护性等优点。

（7）科学应用。Java 在科学应用中是很好的选择，包括自然语言处理。最主要的原因是 Java 与 C++或者其他语言相比，其安全性、便携性、可维护性及与其他高级语言的并发性更好。

1.2.3　Java 的版本

常用的 Java 程序分为 Java SE、Java EE、Java ME、Java Card 四个版本，介绍如下。

1. Java SE

Java SE 以前称为 J2SE。它是允许开发和部署在桌面、服务器、嵌入式环境和实时环境中使用的 Java 应用程序。Java SE 是基础包，但是也包含了支持 Java Web 服务开发的类，并为 Java EE 提供基础。

2. Java EE

这个版本以前称为 J2EE。企业版本帮助开发和部署可移植、健壮、可伸缩且安全的服务器端 Java 应用程序。Java EE 是在 Java SE 的基础上构建的，它提供 Web 服务、组件模型、管理和通信 API，可以用来实现企业级的 SOA（service-oriented architecture，面向服务体系结构）和 Web 2.0 应用程序。

3. Java ME

这个版本以前称为 J2ME。Java ME 为在移动设备和嵌入式设备（如手机、PDA、电视机顶盒和打印机）上运行的应用程序提供一个健壮且灵活的环境。Java ME 包括灵活的用户界面、稳定的安全模型、许多内置的网络协议及对可以动态下载的联网和离线应用程序的丰富支持。基于 Java ME 规范的应用程序只需编写一次，就可以用于许多设备，而且可以利用每个设备的本机功能。

4. Java Card

基于服务对象定位的进一步细化，Java Card（智能卡版）的版本要比微型版更加精简。它支持一些 Java 小程序（Applet）运行在小内存设备（如容量小于 64K 的智能卡）的平台上。

[说明]Java SE 主要运用于计算机软件的开发，Java EE 主要运用于网站的开发（常见的 JSP 技术），Java ME 主要运用于手机软件的开发，Java Card 主要运用于智能卡技术。

1.2.4　Java 的特性

Java 是一种跨平台、适合于分布式计算环境的面向对象编程语言，具有简单性、面向对象、分布式、解释型、可靠性、安全性、与平台无关性、可移植、高性能、多线程、动态性等特点。

本节将重点介绍 Java 语言的面向对象、平台无关性、分布式、可靠性和安全性、多线程等特征。

1. 面向对象

面向对象其实是现实世界模型的自然延伸。现实世界中任何实体都可以看作对象。对象之间通过消息相互作用。另外，现实世界中任何实体都可归属于某类事物，任何对象都是某一类事物的实例。如果说传统的过程式编程语言是以过程为中心、以算法为驱动的话，面向对象的编程语言则是以对象为中心、以信息为驱动。用公式表示，过程式编程语言为程序=对象+消息。

所有面向对象编程语言都支持三个概念：封装、多态性和继承，Java 也不例外。现实世界中的对象均有属性和行为，映射到计算机程序上，属性表示对象的数据，行为表示对象的方法（其作用是处理数据或同外界交互）。

封装是指用一个自主式框架把对象的数据和方法连在一起，形成一个整体。可以说，对象是支持封装的手段，是封装的基本单位。Java 语言的封装性很强，因为 Java 无全程变量，无主函数，在 Java 中绝大部分成员是对象，只有简单的数字类型、字符类型和布尔类型除外。而对于这些类型，Java 也提供了相应的对象类型以便与其他对象交互操作。

多态性是指多种表现形式，具体来说，可以用"一个对外接口，多个内在实现方法"表示。计算机中的堆栈可以存储各种格式的数据，包括整型、浮点或字符。不管存储的是何种数据，堆栈的算法实现是一样的。针对不同的数据类型，编程人员不必手工选择，只需使用统一接口名，系统可自动选择。运算符重载（operator overload）一直被认为是一种优秀的多态机制体现，但考虑到它会使程序变得难以理解，Java 最后还是把它取消了。

继承是指一个对象直接使用另一对象的属性和方法。事实上，用户遇到的很多实体都有继承的含义。例如，若把汽车看成一个实体，它可以分成多个实体，如卡车、公共汽车等。这些子实体都具有汽车的特性，因此汽车是它们的"父亲"，而这些子实体则是汽车的"孩子"。Java 提供给用户一系列类（class），Java 的类有层次结构，子类可以继承父类的属性和方法。与另外一些面向对象编程语言不同，Java 只支持单一继承。

2. 平台无关性

平台无关性是指 Java 写的应用程序不用修改就可在不同的软件、硬件平台上运行。平台无关有两种：源代码级和目标代码级。C 和 C++具有一定程度的源代码级平台无关，表明用 C 或 C++写的应用程序不用修改只需重新编译就可以在不同平台上运行。

Java 主要靠 JVM 在目标代码级实现平台无关性。JVM 是一种抽象机器，它附着在具体操作系统之上，本身具有一套虚拟机器指令，并有自己的栈、寄存器组等。但 JVM 通常是在软件上而不是硬件上实现（目前 Sun 公司已经设计实现了 Java 芯片，主要使用在网络计算机 NC 上。另外，Java 芯片的出现也会使 Java 更容易嵌入家用电器中）。

3. 分布式

分布式包括数据分布和操作分布。数据分布是指数据可以分散在网络的不同主机上，操作分布是指把一个计算分散在不同主机上处理。

Java 支持 WWW 客户机/服务器计算模式，因此，它支持这两种分布性。对于前者，Java 提供了一个叫 URL 的对象，利用这个对象，用户可以打开并访问具有相同 URL 地址上的对象，访问方式与访问本地文件系统相同。对于后者，Java 的 Applet 小程序可以从服务器下载到客户端，即部分计算在客户端进行，提高系统执行效率。

Java 提供了一整套网络类库，开发人员可以利用类库进行网络程序设计，方便实现 Java 的分布式特征。

4. 可靠性和安全性

Java 的最初设计目的是应用于电子类消费产品，因此要求有较高的可靠性。Java 虽然源于 C++，但它消除了许多 C++的不可靠因素，可以防止许多编程错误。第一，Java 是强类型的语言，要求显式的方法声明，这使编译器可以发现方法调用错误，保证程序更加可靠；第二，Java 不支持指针，这杜绝了内存的非法访问；第三，Java 的自动单元收集防止了内存丢失等动态内存分配导致的问题；第四，Java 解释器运行时实施检查，可以发现数组和字符串访问的越界；第五，Java 提供了异常处理机制，程序员可以把一组错误代码放在一个地方，这样可以简化错误处理任务，便于恢复。

由于 Java 主要用于网络应用程序开发，对安全性有较高的要求。如果没有安全保证，用户从网络下载程序执行就非常危险。Java 通过自己的安全机制防止了病毒程序的产生和下载程序对本地系统的威胁破坏。当 Java 字节码进入解释器时，首先必须经过字节码校验器的检查，然后 Java 解释器将决定程序中类的内存布局，随后类装载器负责把来自网络的类装载到单独的内存区域，避免应用程序之间相互干扰破坏，最后客户端用户还可以限制从网络上装载的类只能访问某些文件系统。

上述几种机制结合起来，使 Java 成为安全的编程语言。

5. 多线程

线程是操作系统的一种新概念，它又被称作轻量进程，是比传统进程更小的可并发执行的单位。

C 和 C++采用单线程体系结构，而 Java 却提供了多线程支持。

Java 在两方面支持多线程。一方面，Java 环境本身就是多线程的。若干个系统线程运行负责必要的无用单元回收、系统维护等系统级操作。另一方面，Java 语言内置多线程控制，可以大大简化多线程应用程序开发。Java 提供了一个类 Thread，由它负责启动运行、终止线程，并可检查线程状态。Java 的线程还包括一组同步原语。这些原语负责对线程实行并发控制。利用 Java 的多线程编程接口，开发人员可以方便地写出支持多线程的应用程序，提高程序执行效率。必须注意的是，Java 的多线程支持在一定程度上受运行时支持平台的限制。例如，如果操作系统本身不支持多线程，Java 的多线程特性可能就表现不出来。

1.3　Java 程序分类

1.3.1　Java 应用程序

在 Java 语言中，能够独立运行的程序称为 Java 应用程序（java application）。Java 是一种可以撰写跨平台应用程序的面向对象的程序设计语言。

Java 技术具有卓越的通用性、高效性、平台移植性和安全性，广泛应用于 PC、数据中心、游戏控制台、科学超级计算机、移动电话和互联网，同时拥有全球最大的开发者专业社群。

Java 应用程序分为以下三类。

（1）最早的 Java 应用程序是 Applet，可以把 Java 程序放到浏览器上运行。

（2）基于 AWT（abstract windows toolkit，抽象窗口工具包）的 Swing 的界面程序，C/S 架构年代就是用的这种 Java 应用程序。

（3）目前最主流的 Java EE 应用程序，需要依靠浏览器来运行，是一种标准的 B/S 架构服务程序。

1.3.2　JAVA Applet

Java 语言还有另外一种程序——Applet 程序，是运行于各种网页文件中，用于增强网页的人机交互、动画显示、声音播放等功能的程序。

Java Applet 和 Java Application 在结构方面的主要区别表现在以下方面。

1. 运行方式不同

Java Applet 程序不能单独运行，它必须依附于一个用 HTML 语言编写的网页并嵌入其中，通过与 Java 兼容的浏览器来控制执行。而 Java Application 是完整的程序，可以独立运行，只要有支持 Java 的虚拟机，它就可以独立运行而不需要其他文件的支持。

2. 运行工具不同

运行 Java Applet 程序的解释器不是独立的软件，而是嵌在浏览器中作为浏览器软件的一部分。Java Application 程序被编译以后，用普通的 Java 解释器就可以使其边解释边执行，而 Java Applet 必须通过网络浏览器或者 Applet 观察器才能执行。

3. 程序结构不同

Applet 程序没有含 main 方法的主类，这也正是 Applet 程序不能独立运行的原因。尽管 Applet 没有含 main 方法的主类，但 Applet 一定有一个从 java.applet.Applet 派生的类，它是由 Java 系统提供的。而每个 Java Application 程序必定含有一个并且只有一个 main 方法，程序执行时，首先寻找 main 方法，并以此为入口点开始运行。含有 main 方法的那个类，常被称为主类，也就是说 Java Application 程序都含有一个主类。

4. 受到的限制不同

Java Application 程序可以设计成能进行各种操作的程序，包括读/写文件的操作，但是 Java Applet 对站点的磁盘文件既不能进行读操作，又不能进行写操作。然而，Applet 的引入，使 Web 页面具有动态多媒体效果和可交互性能，这使由名为超文本、实为纯文本的 HTML 语言编写成的 Web 页面真正具有了超文本功能，不但可以显示文本信息，而且可以有各种图片效果和动态图形效果，从而页面显得生动美丽；另外，Applet 使 Web 页面增加了按钮等功能，从而增加了交互性。

1.3.3　Servlet 程序

1. Servlet 定义

Servlet 是一种服务器端的 Java 应用程序，具有独立于平台和协议的特性，可以生成动态的 Web 页面。它担当客户请求（Web 浏览器或其他 HTTP 客户程序）与服务器响应（HTTP 服务器上的数据库或应用程序）的中间层。Servlet 是位于 Web 服务器内部的服务器端的 Java 应用程序，与传统的从命令行启动的 Java 应用程序不同，Servlet 由 Web 服务器进行加载，该 Web 服务器必须包含支持 Servlet 的 JVM。

最早支持 Servlet 技术的是 Java Soft 的 Java Web Server。此后，一些其他的基于 Java 的 Web Server 开始支持标准的 Servlet API。Servlet 的主要功能在于交互式地浏览和修改数据，生成动态 Web 内容。这个过程如图 1-1 所示。

Servlet 看起来像是通常的 Java 程序。Servlet 导入特定的属于 Java Servlet API 的包。因为是对象字节码，可动态地从网络加载，可以说 Servlet 对 Server 就如同 Applet 对 Client 一样，由于 Servlet 运行于 Server 中，它们并不需要一个图形用户界面。从这个角度讲，Servlet 也被称为 Faceless Object。

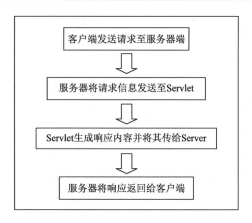

图 1-1　Servlet 程序运行过程

2. Servlet 和 JSP 之间的联系和区别

（1）JSP（Java serer pages）第一次运行的时候会编译成 Servlet，驻留在内存中以供调用。

（2）JSP 是 Web 开发技术，Servlet 是服务器端运用的小程序，用户访问一个 JSP 页面时，服务器会将这个 JSP 页面转变成 Servlet 小程序，运行得到结果后，反馈给用户端的浏览器。

（3）Servlet 相当于一个控制层，再去调用相应的 Java Bean 处理数据，最后把结果返回给 JSP。

（4）Servlet 主要用于转向，将请求转向到相应的 JSP 页面。

（5）JSP 更多的是进行页面显示，Servlet 更多的是处理业务，即 JSP 是页面，Servlet 是实现 JSP 的方法。

（6）Servlet 可以实现 JSP 的所有功能，但由于美工使用 Servlet 做界面非常困难，后来开发了 JSP。

（7）JSP 技术开发网站的两种模式：JSP+Java Bean；JSP+Servlet+Java Bean（一般在多层应用中，JSP 主要用作表现层，而 Servlet 则用作控制层，因为在 JSP 中放太多的代码不利于维护，从而把这留给 Servlet 来实现，而大量的重复代码写在 Java Bean 中）。

（8）两者之间的差别就是，JSP 开发界面是直接可以编写的。

例如，在 JSP 中写 Table 标记：<table>[数据]</table>；Servlet 需要加入：out.println（"<table>[数据]</table>"）。

JSP 文件在被应用服务器（如 Tomcat、Resin、WebLogic 和 Biosphere）调用过之后，就被编译成了 Servlet 文件。也就是说，在网页上显示的其实是 Servlet 文件。Tomcat 下面 JSP 文件编译之后生成的 Servlet 文件被放在了 work 文件夹下，JSP 中的 HTML 代码在 Servlet 都被 out 出来，而 JSP 代码按照标签的不同会放在不同的位置。

（9）JSP 中嵌入 Java 代码，而 Servlet 中嵌入 HTML 代码。

（10）在一个标准的 MVC 架构中，Servlet 作为 Controller 接受用户请求并转发给相应的 Action 处理，JSP 作为 View 主要用来产生动态页面，EJB 作为 Model 实现用户的业务代码。

3. Java Servlet 的优势

（1）Servlet 可以和其他资源（文件、数据库、Applet、Java 应用程序等）交互，以生成返回给客户端的响应内容。如果需要，还可以保存请求—响应过程中的信息。

（2）采用 Servlet，服务器可以完全授权对本地资源的访问（如数据库），并且 Servlet 自身将会控制外部用户的访问数量及访问性质。

（3）Servlet 可以是其他服务的客户端程序，如它们可以用于分布式的应用系统中，可以从本地硬盘或者通过网络从远端硬盘激活 Servlet。

（4）Servlet 可被链接（chain）。一个 Servlet 可以调用另一个或一系列 Servlet，即成为它的客户端。

（5）采用 Servlet Tag 技术，可以在 HTML 页面中动态调用 Servlet。

（6）Servlet API 与协议无关。它并不对传递它的协议有任何假设。

（7）像所有的 Java 程序一样，Servlet 拥有面向对象 Java 语言的所有优势。

（8）Servlet 提供了 Java 应用程序的所有优势——可移植、稳健、易开发。使用 Servlet 的 Tag 技术，Servlet 能够生成嵌于静态 HTML 页面中的动态内容。

（9）一个 Servlet 被客户端发送的第一个请求激活，然后它将继续运行于后台，等待以后的请求。每个请求将生成一个新的线程，而不是一个完整的进程。多个客户能够在同一个进程中同时得到服务。一般来说，Servlet 进程只是在 Web Server 卸载时被卸载。

4. Servlet 的作用

Servlet 是由控制层 JSP 转换为 Servlet，用 Servlet 来实现 HTTP。

可以把 Applet 与 Servlet 对比一下来理解。前者是在客户端浏览器运行的代码片段，而后者是在 Server 端运行的，Server 一般是一个应用服务器，大的如 IBM 的 Biosphere，小的有 Tomcat。根据用户提交的请求，Servlet 程序在应用服务器端运行后将结果或相关信息返回给客户端浏览器。因为 Servlet 是在服务器端运行的，所以它具有强大的事务处理能力。虽然说它的大部分功能 JSP 都可以实现，但为了避免 JSP 中的 Scriptlet（可以理解为 JSP 中的 Servlet）代码片段与负责表示处理结果的代码片段（这些代码混杂了 HTML 标签）搅和在一起，建议不要把过多的 Servlet 代码写在 JSP 页面中，而只把少量与结果显示密切相关的代码写在页面中。

1.4　开发运行环境

1.4.1　JDK 的下载、安装与配置

1. JDK 简介

JDK 是 Java development kit 的缩写，中文称为 Java 开发工具包，由 Sun 公司提供。它为 Java 程序开发提供了编译和运行环境，所有 Java 程序的编写都依赖于它。使用 JDK

可以将 Java 程序编译成字节码文件，即 class 文件（若要想在计算机上运行 Java 程序，必须下载安装 JDK）。

2. JDK 下载

（1）首先，直接在网页上搜索 Oracle，进入官网（图 1-2）。

图 1-2　网页搜索 Oracle

（2）单击网页左上角 ☰ 图标，选择"Products"—"Java"—"Java SE"（图 1-3）。

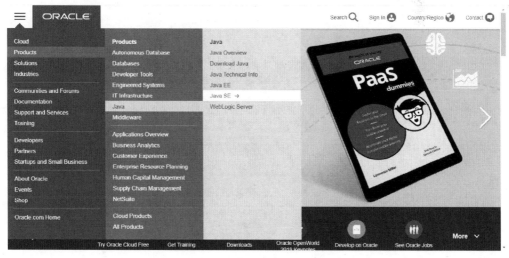

图 1-3　Oracle 公司官网

（3）进入 Java SE 界面，将界面拉到末尾，选择"Download Java SE for Developers"
（图 1-4）。

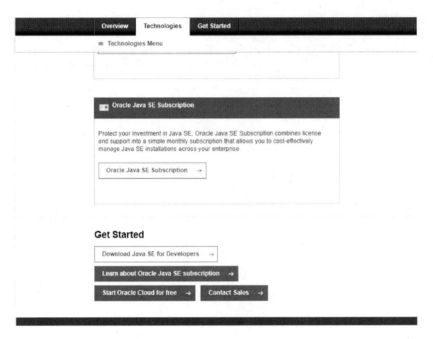

图 1-4　下载 Java SE

（4）如果计算机的操作系统是 32 位，则选择 Windows x86，若是 64 位，则选择 Windows
x64。演示的计算机为 32 位操作系统，所以选择下载 Windows x86（图 1-5）。

图 1-5　下载 Windows x86

（5）弹出下载窗口，选择"下载"（图 1-6）。

图 1-6　下载窗口

（6）下载完成（图 1-7）后，进入"文件夹"后双击安装包，选择"是"（图 1-8）。

图 1-7　下载完成界面

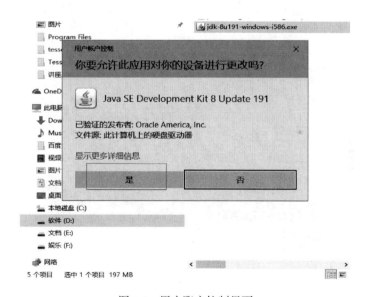

图 1-8　用户账户控制界面

（7）开始安装，单击"下一步"（图 1-9），选择安装位置，单击"下一步"（图 1-10），进入安装进度界面（图 1-11）。

（8）若在安装过程中跳出"许可证条款中的变更"界面，单击"确定"（图 1-12），继续安装（图 1-13）。

图 1-9　进入安装界面

图 1-10　选择安装位置

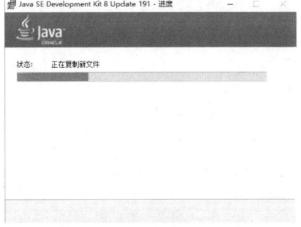

图 1-11　安装进度

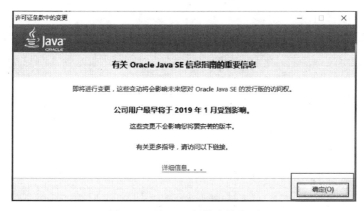

图 1-12　许可证条款中的变更

图 1-13　Java 安装-进度

（9）在安装过程中会弹出目标文件夹更改的窗口，根据自己的需要选择更改或忽略，单击"下一步"（图 1-14），此时会显示"安装成功"，单击"关闭"（图 1-15）。

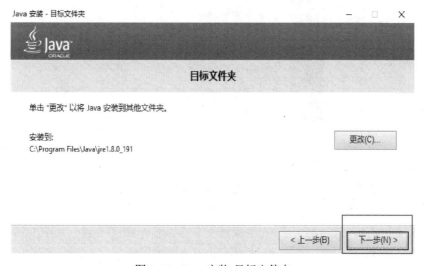

图 1-14　Java 安装-目标文件夹

图 1-15　JDK 安装包安装成功

3. JDK 环境变量的配置

（1）配置环境变量：右击桌面上"此电脑"图标，选择属性（图 1-16）。

图 1-16　选择属性

（2）在"系统"界面左侧单击"高级系统设置"（图 1-17）。

（3）在弹出的页面中单击"高级"栏下面的"环境变量"（图 1-18）。

（4）以安装路径在 C 盘为例，在"系统变量"一栏单击"新建"（图 1-19），设置变量名为 JAVA_HOME，变量值为：C:\Program……再设置变量名为 CLASSPATH，变量值为：%JAVA_HOME%\lib;%JAVA_HOME%\lib\too/s.jar（图 1-20，图 1-21）。

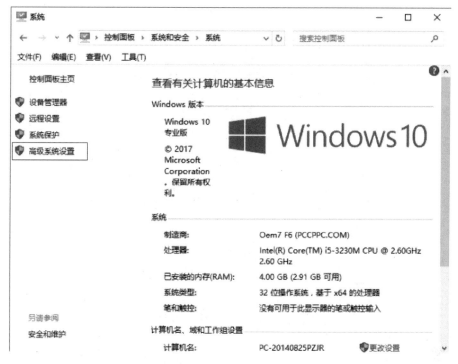

图 1-17　选择高级系统设置

图 1-18　选择环境变量

图 1-19　选择新建

图 1-20　新建系统变量

图 1-21 新建系统变量

（5）单击"确定"，环境变量就设置好了。

[说明]Java 的运行环境是 JRE，即 Java run-time environment，Java 的开发工具是 JDK，主要提供编译 Java 源文件、执行类文件的功能。而集成开发环境是需要用到计算机上安装的 JDK 的，所以必须先安装 JDK，然后再安装集成开发环境。

1.4.2 JDK 开发工具包的目录结构

（1）bin 目录：JDK 开发工具的可执行文件。

（2）lib 目录：开发工具使用的归档包文件。

（3）jre：Java 运行时环境的根目录，包含 Java 虚拟机、运行时的类包和 Java 应用启动器，但不包含开发环境中的开发工具。

（4）demo：含有源代码的程序示例。

（5）include：包含 C 语言头文件，支持 Java 本地接口与 Java 虚拟机调试程序接口的本地编程技术。

（6）db：使用嵌入式数据库 Derby 开发所需要的资源及一些案例。

（7）sample：开发工具包自带的示例程序，可以参照学习。

（8）src.zip：类库 API 源代码文件。这里包含了 Java 类库中公共部分的源代码，是深入研究 Java 内部机制的重要源代码。例如，对 String 类的内部工作机制感兴趣，就可以查看其中的 src/java/Lang/String.java 文件。

1.4.3　JDK、JRE 和 JVM 之间的关系

JDK 作为 Java 开发工具包，主要用于构建在 Java 平台上运行的应用程序、Applet 和组件等。

JRE 也就是 Java 平台。所有的 Java 程序都要在 JRE 下才能运行。JDK 的工具也是 Java 程序，也需要 JRE 才能运行。为了保证 JDK 的独立性和完整性，在 JDK 的安装过程中，JRE 也是安装的一部分。所以，在 JDK 的安装目录下有一个名为 jre 的目录，用于存放 JRE 文件。

JVM 是 JRE 的一部分。它是一个虚拟出来的计算机，是通过在实际的计算机上仿真模拟各种计算机功能来实现的。JVM 有自己完善的硬件结构，如处理器、堆栈、寄存器等，还具有相应的指令系统。Java 语言最重要的特点就是跨平台运行。使用 JVM 就是为了支持与操作系统无关，实现跨平台。

1.5　Java 程序的运行步骤

1.5.1　JVM 的体系结构及工作原理

JVM 是运行 Java 程序必不可少的机制，它实现了 Java 语言最重要的特征，即平台无关性。虚拟机是模拟执行某种 ISA（instruction set architecture，指令集体系结构）的软件，是对操作系统和硬件的一种抽象（图 1-22）。

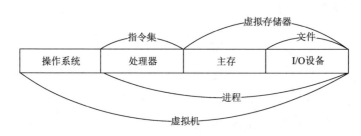

图 1-22　计算机系统中的抽象

计算机系统的这种抽象类似于 OOP（object oriented programming，面向对象编程）中的针对接口编程泛型（或者是依赖倒转原则），通过一层抽象提取底层实现中共性的部分，底层实现这个抽象并完成自己个性的部分。也就是说通过一个抽象层次来隔离底层的不同实现。虚拟机规范定义了这个虚拟机要完成的功能（也就是接口），底层的操作系统和硬件利用自己提供的功能来实现虚拟机需要完成的功能（实现）。运行在虚拟机之上，Java 才具有很好跨平台特性（图 1-23）。

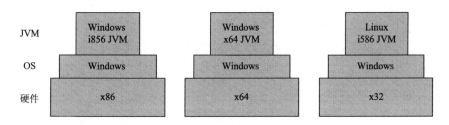

图 1-23　JVM 实现，32bit + Windows JVM，32bit+Linux JVM，64bit+Windows JVM

1. JVM 体系结构

JVM 的基本组成如下（图 1-24）。

（1）指令集：JVM 指令集。

（2）类加载器：在 JVM 启动时或者类在运行时将需要的 class 加载到 JVM 中。每一个被 JVM 装载的类型都有一个与之对应的 java.lang. class 类的实例来表示该类型。该实例可以唯一表示被 JVM 装载的 class 类，这个实例和其他类的实例一样放在堆内存中。

（3）执行引擎：负责执行 class 文件中的字节码指令，相当于 CPU。是 JVM 的核心，执行引擎的作用就是解析 JVM 字节码指令，得到执行的结果。执行引擎由各个厂家实现。Sun 公司的 HotSpot 是一种基于栈的执行引擎。而安卓的 Dalvik 是基于寄存器的执行引擎。执行引擎也就是执行一条条代码的一个流程，代码都包含在方法体中，执行引擎本质上就是执行一个个方法串起来的流程，对应于操作系统的一个线程，每个 Java 线程就是一个执行引擎的实例（图 1-25）。

（4）运行时数据区：将内存划分成若干个区，分别完成不同的任务。

（5）本地方法区：调用 C 或 C++实现的本地方法代码返回的结果。

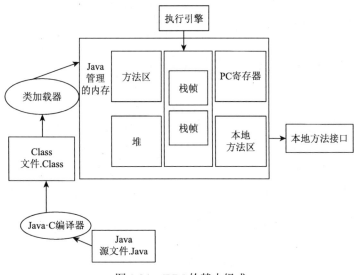

图 1-24　JVM 的基本组成

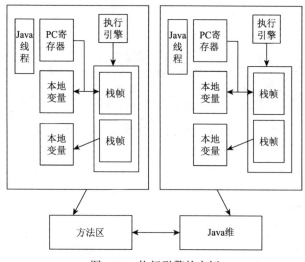

图 1-25 执行引擎的实例

（6）Java 内存管理：执行引擎在执行的过程中需要存储一些东西，如操作数、操作码执行结果、class 类的字节码及类的对象等信息都需要在执行引擎执行前准备就绪。JVM 方法区、Java 堆区、Java 栈、PC 寄存器和本地方法区。其中方法区和 Java 堆是线程共享的。如果当前线程对应的 Java 栈中没有栈帧，这个 Java 栈也要被 JVM 撤销，整个 JVM 退出。

2. 工作原理

编译后的 Java 程序指令并不直接在硬件系统的 CPU 上执行，而是由 JVM 执行。JVM 屏蔽了与具体平台相关的信息，使 Java 语言编译程序只需要生成在 JVM 上运行的目标字节码（.class），就可以在多种平台上不加修改地运行。Java 虚拟机在执行字节码时，把字节码解释成具体平台上的机器指令执行，因此实现 Java 平台无关性。它是 Java 程序能在多平台间进行无缝移植的可靠保证，同时是 Java 程序的安全检验引擎（还进行安全检查）。

1.5.2　Java Application 程序的建立及运行

Java Application 程序的建立及运行。

（1）去网上下载 JDK（JDK 是一个编译器，用来解释执行 Java 代码）。

（2）配置 path 和 classpath 的环境变量。在"此电脑"—"属性"—"高级"—"系统变量"配置 path 和 classpath 的环境变量。

（3）测试。打开 DOS 界面输入"javac"，按 Enter，到这一步就说明 Java 环境已经设置好了。

（4）编写一个简单的 Java 程序，编译执行，就全部完成了。

1.5.3　Java Applet 程序的建立及运行

（1）利用文本编辑器建立 Java 源程序文件。

（2）利用 Java 编译器编译该 Java Applet，产生 class 字节码文件。

（3）利用文本编辑器建立一个 HTML 文件，在其中嵌入 Java 字节码文件。

（4）用 WWW 浏览器或 appletviewer 装入该 HTML，使 Applet 运行。

程序如下：

```
import java.awt,*;
Import java.applet,*;
Public class c1-2 extends Applet
{
    Public void paint(Graphic g)
{
        g.draw String("Java Now! ", 25, 25);
}
}
```

1.6　第一个 Java 程序

（1）在 D 盘下任意建立一个目录（建议是非中文的目录），这里作者建立的目录是 javacode。然后进入该目录，在该目录下建立一个文件名是 HelloWorld.java 的普通文件（图 1-26）。

名称　　　　　　　　　^

图 1-26　HelloWorld.java 文件

（2）使用文本打开该文件，然后输入如下内容。

```
Public class Hello World{
    public static void main(String[]args){
    System.out.print in("Hello World! ");
    }
}
```

初学要特别注意单词的大小写，每个单词之间都必须要有空格，还要注意大括号和分号等符号。

（3）在桌面按下快捷键"Win + R"，然后输入"cmd"，回车运行即可进入 DOS 环境（图 1-27，图 1-28）。

（4）在命令行方式下，进入程序所在的目录 D：/javacode，执行 javac HelloWorld.java 命令，对程序进行编译。具体操作：输入"D："，单击"Enter"键；输入"cd Javacode"，

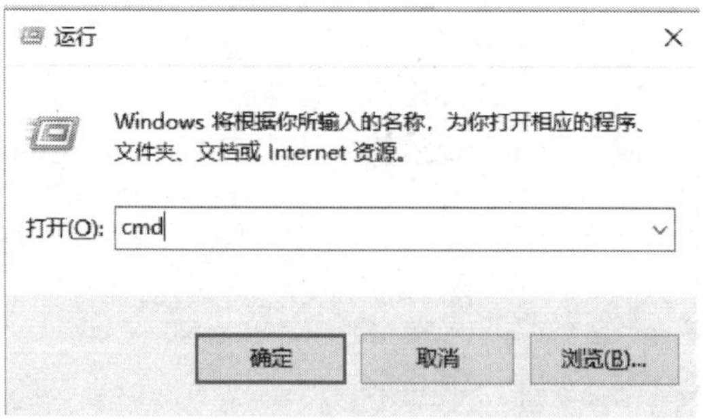

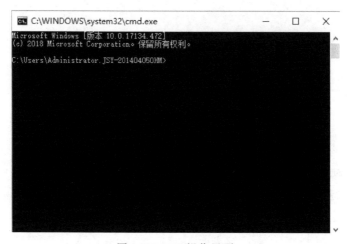

图 1-27　输入"cmd"进入操作界面

图 1-28　cmd 操作界面

单击"Enter"键；输入"javac HelloWorld.java"，编译完成之后可以发现在目录之中多了一个 HelloWorld.class 的文件，此文件就是编译成功后生成的字节码文件，需要 JVM 解析执行（图 1-29）。

图 1-29　出现新文件 Hello World.class

（5）运行程序。程序编译之后，接下来就可以运行该应用程序了，继续在 DOS 环境下使用 Java 命令，输入"java HelloWorld"，即可执行程序，输出一句"hello，world！"（图 1-30）。

图 1-30　"hello，world！"

恭喜你，你成功编写并运行了第一个 Java 程序。

1.7　小　　结

　　Java 同 C++一样，是一门面向对象语言。这门语言其实相当年轻，于 1995 年才出现，由 Sun 公司出品。詹姆斯·高斯林领导了 Java 的项目小组。该项目最初只想为家电设计一门容易移植的语言。然而，在获得了 Netscape 浏览器支持后，Java 快速推广，应用广泛起来。

　　Java 受到 C 和 C++的强烈影响。Java 和 C++相近，都是静态类型，但移除了 C++中容易出错的一些特征，如指针和多重继承。Java 的垃圾回收可以自动地管理和清理内存。清理内存工作交给编译器后，程序员的负担大大减少。Java 产出效率高，又有良好的运行效率，在 PC 端、服务器端和移动端都有不俗的表现。安卓更是为 Java 注入了新鲜血液。Java 又是一门完全的面向对象语言，是了解其他面向对象语言的一个好范本。

1.8　习　　题

　　1. 以下属于 Java 语言的运用领域的是（　　　）。
　　A. 安卓软件　　　　　B. 大数据技术　　　　　C. 金融平台　　　　　D. 嵌入式领域
　　2. 不属于 Java 语言的特性的是（　　　）。
　　A. 动态性　　　　　B. 不可移植性　　　　　C. 安全性　　　　　D. 受平台限制
　　3. 常用的 Java 程序分为＿＿＿＿＿、＿＿＿＿＿＿、＿＿＿＿＿＿、＿＿＿＿＿＿
四个版本。
　　4. 写一个简单的 Java 程序。
　　5. Java 语言出现的契机是什么？

第 2 章   Java 语言基础

本章介绍有关 Java 语言的基础知识，其主要内容与其他高级编程语言有相似之处，有其他语言基础的同学可以进行类比学习。

2.1   基本数据类型

在计算机中，数据存储于计算机存储单元中，存储单元的空间是有限的，需要根据数据类型分配内存空间。Java 语言中的数据类型分为基本数据类型和引用数据类型。本节主要讨论基本数据类型，其共有 8 种：6 种数值类型（4 种整数类型、2 种浮点类型）、1 种字符类型和 1 种布尔类型。Java 中基本数据类型如表 2-1 所示。

表 2-1　Java 基本数据类型

数据类型		标识符	举例
数值类型	整数类型	byte、short、int、long	3、−5
	浮点类型	float、double	2.4、−7.2
字符类型		char	'A'、'9'、'\n'
布尔类型		boolean	true、false

2.1.1   整数类型

整数类型表示的是数学意义上的整数，Java 中根据其所占内存空间与取值范围不同可以划分为 byte、short、int 和 long 四种类型，其所占内存空间与取值范围如表 2-2 所示。

表 2-2　整数类型所占内存空间与取值范围

数据类型	内存空间	取值范围
byte	8bit（1 B）	$-2^{07} \sim 2^{07}-1$
short	16bit（2 B）	$-2^{15} \sim 2^{15}-1$
int	32bit（4 B）	$-2^{31} \sim 2^{31}-1$
long	64bit（8 B）	$-2^{63} \sim 2^{63}-1$

注：bit，位，数据存储的最小单位。byte（简称 B），字节。1B = 8bit。

1. byte 型

byte 型（字节型），Java 中最小的数据类型，在内存中占 8bit，即 1B，取值范围为 $-2^{07} \sim$

$2^{07}-1$，默认值为 0。byte 型多用在大型数组中，节约空间，声明方式如下：

```
byte m;//声明一个 byte 型变量 m
byte n=6;//声明 byte 型变量 n 并赋初值
```

2. short 型

short 型（短整型），有符号以补码形式表示的存储在内存中，占 16bit，即 2B，取值范围为 $-2^{15}\sim2^{15}-1$，默认值为 0。其也用于较小整数，节省空间，声明方式如下：

```
short a=520;//声明 short 型变量 a 并赋初值
```

3. int 型

int 型（整型），有符号以补码形式表示的存储在内存中，占 32bit，即 4B，取值范围为 $-2^{31}\sim2^{31}-1$，默认值为 0。一般整数变量默认 int 型，声明方式如下：

```
int b=2333;//声明一个 int 型变量并赋初值
```

4. long 型

long 型（长整型），有符号以补码形式表示的存储在内存中，占 64bit，即 8B，取值范围为 $-2^{63}\sim2^{63}-1$，默认值为 0L。常用于较大整数存储，声明方式如下：

```
long k=9999L;//声明一个 long 型变量并赋初值
```

结尾处"L"不区分大小写，不可省略，但因小写"l"容易与数字"1"混淆，建议使用大写。

2.1.2　浮点类型

浮点类型用于表示有小数部分的数值。在 Java 中主要分为 float 型和 double 型，遵循 IEEE 754 标准。该标准是最广泛使用的浮点数运算标准，它定义了表示浮点数的格式（包括负零"-0"）与反常值，一些特殊数值［无穷（Inf）与非数值（NaN）］及这些数值的"浮点数运算符"，也指明了数值舍入规则和例外状况。

1. float 型

float 型（单精度浮点型），占 32bit，即 4B，默认值为 0.0f。浮点数用单精度形式存储可节省空间，因计算机内部表示特点，会有小数点后精确度限制，不能表示精确值，声明方式如下：

```
float x=6.1f;    //声明一个 float 型变量并赋初值
```

结尾处"f"不区分大小写，不可省略，省略则计算机默认其为 double 型。

2. double 型

double 型（双精度浮点型），占 64bit，即 8B，默认值为 0.0d。其同样有精度限制，用于存储对精度要求较高的浮点数，声明方式如下：

```
    double t=1.314d;     //声明一个 double 型变量并赋初值
```
结尾处 "d" 不区分大小写，可以省略。

【例 2-1】数值类型变量声明、输出和显示包装类基本信息。

```
public class NumDataType {
    public static void main(String[] args) {
        //声明数值类型的变量
        byte b=31;
        short s=1446;
        int i=9555;
        float f=98.9f;
        double d=54.666;
        //输出变量
        System.out.println("byte 型变量: "+b);
        System.out.println("short 型变量: "+s);
        System.out.println("int 型变量: "+i);
        System.out.println("float 型变量: "+f);
        System.out.println("double 型变量: "+d);
        //包装类及基本信息示例
        System.out.println();
        System.out.println("下面给出输出包装类基本信息的示例: ");
        System.out.println("byte 型的位数: "+Byte.SIZE);
        System.out.println("byte 型最小值是"+Byte.MIN_VALUE);
        System.out.println("byte 型最大值是"+Byte.MAX_VALUE);
        //byte 型还可替换成 short 型、integer 型、long 型、float 型、
          double 型等
    }
}
```
程序运行结果如图 2-1 所示。

图 2-1　例 2-1 运行结果

[说明]程序中最先开始声明并赋值了 byte 型、short 型、int 型、float 型、double 型变量；然后对这些变量进行了输出；最后以 byte 型为例输出了这些变量的包装类信息，包装类可以获取这些基本类型的位数、最小值、最大值等的详细信息。

2.1.3 字符类型

char 型即字符类型，用于表示单一的 16bit（2B）Unicode 字符，需要用单引号，单引号内仅能含有一个字符。与 C 语言一样，同样可以把字符用整数表示。Java 采用的是 Unicode 编码，编码从 0 到 127 的字符与 ASCII 码的字符一样，但共有 65536 个（UCS-2），可以支持大多数语言的常用字符，声明形式如下：

```
char c='s';
```

另外，Java 中还用字母（或其他字符）前加转义符"\"来表示特定意义的字符，如'\n'表示换行符，注意转义符使用反斜杠"\"，要与除号"/"相区分，Java 中常见转义符如表 2-3 所示。

表 2-3　转义符

转义符	含义
\'	单引号
\\	反斜杠
\t	水平制表，光标移到下一个 Tab 位
\r	回车，光标移到本行开头
\b	退格，光标移到前一列
\n	换行，光标移到下一行开头
\f	换页，光标移到下页开头
\ooo	1～3bit8 进制数
\xhh	1～2bit16 进制数

注：少量转义字符的支持可能受到 JDK 版本的影响。

【例 2-2】字符类型的声明与输出。

```
public class CharDataType{
    public static void main(String args[]){
        char c1='y';        //声明字符变量 c1
        char c2='\n';        //声明字符变量 c2
        char c3='\u2604';  //声明字符变量 c3
            //输出结果
        System.out.println("c1 的结果是："+c1);  //输出 y
        System.out.println("c2 的结果是："+c2);  //输出一个回车
        System.out.println("c3 的结果是："+c3);  //输出一个问号
```

```
    }
}
```
程序运行结果如图 2-2 所示。

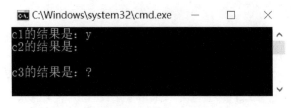

图 2-2　例 2-2 运行结果

[说明]程序中最先开始声明并赋值了 c1、c2、c3 三个字符类型的变量；声明之后分别对三个变量的值进行了输出。

2.1.4　布尔类型

boolean 型即布尔类型，仅有两个逻辑值 true 和 false，占 1bit，表示布尔逻辑中的"真"和"假"，默认值为 false，常用于控制语句的判断条件，声明形式如下：

```
boolean m;  //声明布尔类型变量 m
boolean flag=true;   //声明布尔类型变量 flag 的同时并赋值 true
```

2.2　变量与常量

在程序中存在许多数据用来代表程序的状态，其值可以改变的称为变量，其值不可改变的称为常量，Java 中变量与常量必须声明才能使用。

2.2.1　标识符和关键字

1. 标识符

标识符是程序员给类、变量、方法、文件等取的名字，由一定的字符序列组成。在 Java 中，命名标识符需要遵循以下规则。

（1）Java 语言中，标识符是以字母、数字、下划线（"_"）或美元符（"$"）组成的字符序列，但不能以数字开头。合法的标识符如 love、cute_cat 等，非法的标识符如 7sin 等。

（2）Java 语言使用 Unicode 标准集，所以可以用中文（或其他语言字母）作为标识符，但是不提倡，如数量。

（3）标识符不能使用关键字，非法标识符如 abstract、class。

（4）Java 严格区分大小写，People 和 people 是两个不同的标识符。

2. 关键字

关键字是特殊的标识符，具有专门的意义和用途，不能当作用户的标识符使用。Java 语言中的关键字均用小写字母表示，所有关键字如表 2-4 所示。

表 2-4　关键字

Java 中的关键字							
byte	short	int	long	float	double	char	boolean
true	false	null	void	this	super	break	instanceof
continue	return	do	while	if	else	for	switch
case	default	abstract	class	extends	final	volatile	synchronized
native	new	static	private	protected	public	import	transient
try	catch	throw	throws	strictfp	interface	package	implements
goto	const						

注：关键字由于 Java 版本不同有所增减。

2.2.2　声明变量

Java 中变量需要声明后才能使用，声明变量即定义变量，是告诉编译器变量的数据类型，以及标识符，这样编译器才能知道存放什么样的数据，开辟多少空间存放。声明变量可以不赋初值，也可以在声明的同时赋初值。声明变量的变量名需遵循以下原则。

（1）变量名必须是一个合法的标识符，即以字母、数字、下划线（"_"）或美元符组成，不能以数字开头，不能是关键字。

（2）变量名不能重复。

（3）尽量选择有意义的变量名，增强可读性，如 number、age 等，避免 a、m 这样意义不明确的变量名。

```
char letter;  //声明 char 型变量
int year=2018  //声明 int 型变量并赋值
```

2.2.3　声明常量

在程序运行过程中，其值不能改变的量叫常量，是在数据类型前用"final"修饰的变量。常量在整个程序中只能被赋值一次，常量名通常使用大写字母书写，便于与一般变量区分，声明形式如下：

```
final float PI=3.14f;   //声明常量 PI
```

需要注意的是，用 final 关键字修饰必须在声明时进行赋值初始化，否则编译会出错（另外一种允许的写法是，定义时不进行赋值，而在构造方法中进行赋值初始化，构造方法的概念会在后面详细阐述）。

2.2.4　变量的有效范围

变量的有效范围又叫变量的作用域,超出变量的有效范围可能导致程序发生错误。变量的作用域有四个级别:类级、对象实例级、方法级、块级。根据变量可以访问的区域,Java 中把变量分为成员变量和局部变量,下面用伪代码来表示各变量类型在 Java 中存在的位置:

```
class {
        类型 成员变量;
        {
            类型 局部变量;
        }
        }
```

1. 成员变量

成员变量指的是在类体中定义的变量。成员变量有静态变量和实例变量两种,其作用域对应着类级和对象实例级。

(1)静态变量:需要在变量数据类型前面加上 static 关键字修饰。其有效范围是整个类,并可以被类的所有实例(对象)所共享。静态变量的生命周期取决于类的生命周期,它在类加载时就已分配空间,其后不管创建多少个实例都不再重新分配空间。正因如此,静态变量在类实例化出对象之前,就可以使用"类名.静态变量名"的形式进行调用。

(2)实例变量:实例变量与类的实例相对应。每创建一个类的实例,就会为当前实例变量分配内存空间,所以实例变量的生命周期取决于实例的生命周期,它需要实例化之后,得到类的一个实例(即对象),才能进行访问,并随着实例的销毁而释放占用的内存空间。

2. 局部变量

局部变量指的是只在当前代码块中有效的变量,主要包括:方法级,在方法内部定义的变量;块级,定义在程序块内部的变量(如 if、for 等);形参,方法签名中定义的变量。局部变量的生命周期为该程序块。

【例 2-3】变量与常量测试。

```
public class VariableConstant{
        final float ALFA = 5.17f;  //声明常量
        float word=5.0f;           //声明实例变量
        static int m=0;            //声明静态变量 m

    public static void main(String args[]){
        {
            int n=6;  //声明局部变量 n
```

```
        System.out.println("n="+n);  //输出局部变量 n
    }
    //System.out.println("n="+n);
    //因为超出局部变量 n 作用域，访问编译会报错
    System.out.println("m="+m);  //静态变量不用实例化就可以访问
    VariableConstant test=new VariableConstant();  //从类实
                                                     例化对象
    System.out.println("ALFA="+test.ALFA);  //输出常量
    System.out.println("word="+test.word);  //输出成员变量
    }
}
```

程序运行结果如图 2-3 所示。

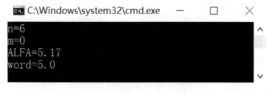

图 2-3　例 2-3 运行结果

[说明]程序中 ALFA 是个常量，word 和 m 属于成员变量，word 是实例变量，m 是静态变量；底下方法块中的 n 是局部变量。

2.3　运算符、表达式和语句

运算符、表达式和语句都是 Java 中的重要概念，与其他语言有类似之处。运算符用于执行程序代码的各种运算，变量、常量和运算符组成了表达式，它是程序语句组成的要素，一条程序语句以分号作为结束标志。

2.3.1　算术运算符

算术运算符用于实现基本的算术运算，常用算术运算符如加（+）、减（-）、乘（*）、除（/）、取余（%）。

【例 2-4】算术运算符使用示例。

```
public class NumCalculate{
    public static void main(String args[]){
        int a=14;
        int b=5;
        System.out.println("a+b 结果: "+(a+b));  //输出 a+b 结果
```

```
        System.out.println("a-b 结果: "+(a-b));    //输出 a-b 结果
        System.out.println("a*b 结果: "+(a*b));    //输出 a*b 结果
        System.out.println("a/b 结果: "+(a/b));    //输出 a/b 结果
        System.out.println("a%b 结果: "+(a%b));    //输出 a%b 结果
    }
}
```

程序运行结果如图 2-4 所示。

图 2-4　例 2-4 运行结果

[说明]上述程序中分别给出了 a 和 b 加、减、乘、除、取余运算的结果。

2.3.2　赋值运算符

"="是最基本的赋值运算符,用于把等号右边的值赋给等号左边的变量。与其他语言类似,Java 中也提供了复合赋值运算符,常用复合赋值运算符如表 2-5 所示。

表 2-5　复合赋值运算符

复合赋值运算符	含义
+=	a+=b 等价于 a=a+b
-=	a-=b 等价于 a=a-b
*=	a*=b 等价于 a=a*b
/=	a/=b 等价于 a=a/b
%=	a%=b 等价于 a=a%b

【例 2-5】赋值运算符使用示例。

```
public class AssignOperate{
    public static void main(String args[]){
        int a=3;
        int b=8;
        b+=a;
        System.out.println("b+=a: "+b);
        b-=a;
        System.out.println("b-=a: "+b);
```

```
    b*=a;
    System.out.println("b*=a: "+b);
    b/=a;
    System.out.println("b/=a: "+b);
    b%=a;
    System.out.println("b%=a: "+b);
    }
}
```

程序运行结果如图 2-5 所示。

图 2-5　例 2-5 运行结果

[说明]上述程序分别给出 b 在自己原来值的基础上，加减乘除 a 和对 a 取余等运算后，把值赋给 b 后 b 的值。

2.3.3　自增和自减运算符

自增运算符和自减运算符是对算术运算符组成的表达式的简便写法。

自增运算符为 "++"，a++ 等价于 a=a+1；自减运算符为 "－－"，a－－ 等价于 a=a-1。

需要注意的是，自增运算符只能用于操作变量，不能用于常量。同时，a++ 和 ++a 的含义有细微差别，a++ 表示先使用 a，再对 a 自增，而 ++a 是指先对 a 进行自增，再使用 a，单独使用时没有区别，但是如果出现在其他表达式中可能导致运算结果的不同，所以为了增强可读性，建议在使用自增运算符时尽量单独一条语句或在复合语句中加上括号。

具体区别通过下面一个例子来体会。

【例 2-6】自增自减运算符使用示例。

```
public class SelfOperate{
    public static void main(String[] args){
        int a=5;
        a++;
        System.out.println("a="+a+"自增后值 a="+a);
        a--;
        System.out.println("a="+a+"自减后值 a="+a);
            //比较先后运算的不同
        int pre=2*a++;
```

```
        int post=2*++a;
        System.out.println("a="+a+",先用再自增"+pre);
        System.out.println("a="+a+",先自增再用"+post);
    }
}
```

程序运行结果如图 2-6 所示。

图 2-6　例 2-6 运行结果

[说明]上述程序演示了 a 自增自减后的值，已经先用再自增和先自增再用的区别。

2.3.4　比较运算符

比较运算符用于判断两个数据的大小，如小于、等于、不等于。比较的结果是 boolean 型的（true 或 false）。常用的比较运算符如表 2-6 所示。

表 2-6　比较运算符

比较运算符	含义	举例	结果
>	大于	4>5	false
<	小于	1.2<2.7	true
>=	大于等于	8>=6	true
<=	小于等于	9.3<=7	false
==	等于（注意与赋值相区别）	6==7	false
! =	不等于	3! =14	true

需要注意的是，>、<、>=、<=只支持左右两边操作数是数值类型，==、! =两边的操作数既可以是数值类型，也可以是引用类型。在 Java 中，equals 方法也可以表示是否相等，但是 equals 方法比较的是对象的内容，而==比较的是对象的地址。

【例 2-7】一个简单的程序。

```
public class CompareOperate {
    public static void main(String[] args) {
        int a=7;
        int b=19;
        System.out.println("a==b 的值为："+(a==b));
```

```
System.out.println("a!=b 的值为: "+(a!=b));
System.out.println("a>b 的值为: "+(a>b));
System.out.println("a<b 的值为: "+(a<b));
System.out.println("b>=a 的值为: "+(b>=a));
System.out.println("b<=a 的值为: "+(b<=a));
    }
}
```

程序运行结果如图 2-7 所示。

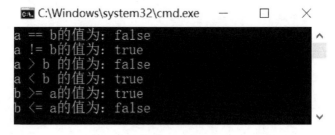

图 2-7　例 2-7 运行结果

[说明]上述程序演示了常用比较运算符的相关运算。

2.3.5　逻辑运算符

逻辑运算符主要用于进行逻辑运算，如逻辑与、逻辑或、逻辑非等，运算结果也为 true 或者 false。

逻辑与指的是生活中常说的"并且"，也就是说前后两个条件要同时成立；逻辑或也就是日常生活中说的"或者"，即前后两个至少有一个成立，与日常语义有差异的是，它还包括了两个同时成立的情形；逻辑非指的是取当前条件逻辑上相反的值，也就是"真"变成"假"，"假"变成"真"。这三种运算符的举例如表 2-7 所示。

表 2-7　逻辑运算符

逻辑运算符	含义	举例	结果
&&	与	a && b	a 和 b 都为 true，结果为 true，否则为 false
||	或	a || b	a 和 b 都为 false，结果为 false，否则为 true
!	非	! a	a 为 true，结果为 false，a 为 false 时，结果为 true

需要注意的是，在一个语句中使用多个逻辑运算符时会出现"短路"现象，如 a && b||c 中，当 a 为假时，因为任何表达式与假值相与最后结果都为假，所以后续逻辑运算不再执行。

【例 2-8】 逻辑运算符使用示例。

```java
public class LogicOperate {
    public static void main(String[] args) {
        boolean t=true;
        boolean f=false;
        System.out.println("a && b ="+(t&&f));
        System.out.println("a||b="+(t||f));
        System.out.println("!a="+!t);
        int a=10;    //定义一个变量;
        boolean b=(a<8)&&(a++<20);
        System.out.println("短路现象发生后表达式结果为"+b);
        System.out.println("短路现象发生后 a 的值为"+a);
    }
}
```

程序运行结果如图 2-8 所示。

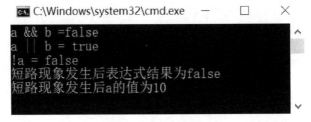

图 2-8 例 2-8 运行结果

[说明]上述程序演示了常用逻辑运算及短路效应；最后一个逻辑表达式因为在"与"逻辑符组成的表达式中，如果第一个变量为 false，最终表达式的值为 false，后续程序不执行，所以 a 没有发生自增，还是原来的值 10。

2.3.6 位运算符

位运算符主要应用于逐位运算，因平时使用较少，这里只做简单介绍，常用位运算符如表 2-8 所示。

表 2-8 位运算符

位运算符	含义	解释
&	按位与	如果对应位都是 1，则结果为 1，否则为 0
|	按位或	如果对应位都是 0，则结果为 0，否则为 1
~	按位取反	按位翻转 0 和 1 的值，即 0 变 1，1 变 0
^	按位异或	如果对应位不同则为 1，否则为 0

续表

位运算符	含义	解释
<<	左移	左操作数按位左移右操作数指定的位数
>>	右移	左操作数按位右移右操作数指定的位数
>>>	右移补零	左操作数按右操作数指定位数右移，移动后的空位以零填充

【例 2-9】位运算符使用示例。

```java
public class BitOperate {
    public static void main(String[] args) {
        int a=60;    //60=0011 1100
        int b=13;    //13=0000 1101
        int c=0;
        c=a & b;        //12=0000 1100
        System.out.println("a&b="+c);
        c=a|b;        //61=0011 1101
        System.out.println("a|b="+c);
        c=a^b;        //49=0011 0001
        System.out.println("a^b="+c);
        c=~a;            //-61=1100 0011
        System.out.println("~a="+c);
        c=a<<2;        //240=1111 0000
        System.out.println("a<<2="+c);
        c=a>>2;        //15=1111
        System.out.println("a>>2="+c);
        c=a>>>2;        //15=0000 1111
        System.out.println("a>>>2="+c);
    }
}
```

程序运行结果如图 2-9 所示。

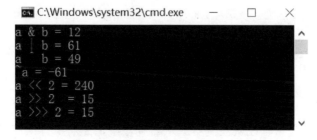

图 2-9　例 2-9 运行结果

[说明]上述程序演示了常用的位运算按位与、按位或、按位异或、按位取反、左移、右移和右移补零；注意位运算符里面的"与""或""非"和逻辑运算符的区别就是，它处理的变量是二进制的，即只有 0 和 1。

2.3.7　三元运算符

在编程语言中，有几个变量参与运算的运算符称为几元运算符，如前面的自增自减属于一元运算符，加、减、乘、除运算符都属于二元运算符。本节主要介绍三元运算符。

Java 中的三元运算符又称为条件运算符，主要用来表示选择逻辑，可以视作选择语句的简写形式，其基本格式为：

（条件表达式）？表达式 1：表达式 2；

（条件表达式）为一个布尔值，如果为 true，则执行表达式 1，如果为 false，执行表达式 2。

【例 2-10】一个简单的程序。

```java
public class ConditionOperate {
    public static void main(String[] args){
        int a,b;
        a=5;
        b=(a>8)? 1:0;  //若 a>8,b 为 1，否则为 0
        System.out.println("b 值为"+b);
    }
}
```

程序运行结果如图 2-10 所示。

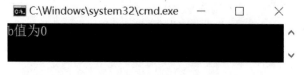

图 2-10　例 2-10 运行结果

[说明]三元运算符的含义是 a 是否大于 8，如果是的话，输出 1，否则输出 0。

2.3.8　运算符优先级

运算符的优先级决定了在同一表达式中各种运算符执行的先后关系，而对于同一优先级的运算符，按照其结合性从左到右或从右到左决定先后执行次序。运算符的优先级如表 2-9 所示，表中最顶部优先级最高，最底部优先级最低。

表 2-9　运算符优先级

类别	操作符	结合性
括号或后缀	（） []. （点操作符）	从左至右
一元	++－－！ ～ － （负号）	从右至左
乘性	*、/、%	从左至右
加性	+、－	从左至右
移位	<<、>>、>>>	从左至右
关系	><	从左至右
相等	＝ ！＝	从左至右
按位与	&	从左至右
按位异或	^	从左至右
按位或	|	从左至右
逻辑与	&&	从左至右
逻辑或	||	从左至右
条件	？ ：	从右至左
赋值	＝ += －= *= /= %=	从右至左
逗号	，	从左至右

例如：

```
a=1;
a+=(3*4+5);
```

在上述代码中，首先从左往右，依次看到的是赋值运算符"+="、括号运算符"（）"、乘性运算符"*"、加性运算符"+"。优先级最高的是括号运算符，其次是乘性运算符，再次是加性运算符，最后是赋值运算符。在同一优先级内按照其结合性按从左到右或从右到左的顺序依次执行，所以上述代码的执行次序是：先计算括号内的"3*4"得到12，再和5进行加法运算得到17，最后对 a 中的元素值在原有基础上增加17赋值给 a，a 最后的值为18。

2.4　数据类型转换

Java 在变量的定义到复制、数值变量的计算到方法的参数传递、基类与派生类间的造型中都有可能进行数据类型转换，数据类型转换主要有隐式类型转换和显式类型转换两种形式。

2.4.1　隐式类型转换

隐式类型转换也叫作自动类型转换，由系统自动完成，它会将变量从存储范围小的类型转换到存储范围大的类型，即转换顺序如下（左侧代表存储范围小的类型）：

```
byte->short(char)->int->long->float->double
```

隐式类型转换语句如下：

```
int a=3;
float b=a;
```

在 a 的值赋值给 b 后，存储范围小的 **int** 型数据自动转换为了存储范围大的 **float** 型数据。

2.4.2　显式类型转换

显式类型转换也叫作强制类型转换，是从存储范围大的类型转换到存储范围小的类型。当需要将数值范围较大的数值类型赋给数值范围较小的数值类型变量时，可能会丢失精度，故需要人为进行转换。

【例 2-11】隐式类型转换和显式类型转换示例。

```
public class TypeTransform{
    public static void main(String[] args){
        //隐式类型转换是安全的，不损失精度
        int a=5;  //int 型数据
        long b=a;  //int 型隐式类型转换为 long 型
        System.out.println("int 型隐式类型转换后值为"+a);
        System.out.println("int 型隐式类型转换后值为"+b);
        char c='A';  //定义一个 char 型
        int d=c+1;   //char 型和 int 型计算
        System.out.println("char 型和 int 型计算后的值等于"+d);
        float m=2.7f;
        int n=(int)m;    //float 型强制类型转换为 int 型可能会存在精度
                         损失
        System.out.println("float 型强制类型转换为 int 型前的值等于
        "+m);
        System.out.println("float 型强制类型转换为 int 型前的值等于
        "+n);
    }
}
```

程序运行结果如图 2-11 所示。

图 2-11　例 2-11 运行结果

[说明]因为 char 型所表示的存储范围较小，所以运算后把它的运算结果赋值给存储范围更大的 int 型时会发生隐式类型转换，转换成 int 型；最后将 float 型变量 m 强制转换为 int 型并赋值给 n，发生了精度损失。

2.5　代码注释与编码规范

代码注释与编码规范对于提高代码的可读性和养成良好的代码风格有着重要意义，尤其在大型项目的合作开发中非常重要，本节将对此进行介绍。

2.5.1　代码注释

Java 中主要包括两类注释：实现注释和文档注释，其中实现注释与 C 语言类似，而文档注释是 Java 中独有的。

1. 实现注释

实现注释包括单行注释和多行注释。在 Java 中，单行注释采用“//”+“注释内容”的形式；多行注释采用“/*”+“注释内容”+“*/”的形式（多行注释不能嵌套注释）。

2. 文档注释

文档注释是用来描述 Java 的类、接口、构造器、方法及字段的。文档注释的格式为“/**”+“注释内容”+“*/”，一个注释对应一个类、接口或成员。该注释应位于声明之前。文档注释可以通过 javadoc 工具转换成 HTML 文件。需要注意的是因为 Java 会将在文档注释之后的第一个声明与其相关联，所以文档注释不能放在一个方法或构造器的定义块中。

以下是注释的伪代码示例。

```
/**
*这是一个文档注释
*/
class {
    语句1; //这是一个单行注释
    语句2;
    /*这是一个
    多行注释*/
}
```

2.5.2　编码规范

遵循编程规范对于形成良好的代码风格十分重要。但因不同组织对于编程规范的要求有所差异，此处只对较为重要的进行介绍。

1. 命名规范

Java 代码中的变量命名不要以下划线或 "$" 开始，也不要以下划线或 "$" 结束；变量命名不要使用拼音与英文混合的方式，同时避免直接使用中文的方式，还要做到无歧义；类名使用骆驼命名法，即对于单词组合，每个单词的首字母大写，如 HelloWorld 等；方法名、参数名、成员变量、局部变量同样使用骆驼风格，但是整个变量的首字母需要小写，如 getComponent 等；常量命名全部大写，并用下划线隔开，如 MAX_NUMBER 等。

2. 代码格式

大括号的书写遵循 K&R 风格，前大括号与前面内容共用一行，后大括号单独一行；属于不同层级的代码，内层代码需要使用 4 个空格的缩进；二元、三元运算符左右需要加空格，逗号后加空格，if/for/while/switch/do 与括号间加空格，示例如下：

```
class A{
    int a=4;      //四个空格的缩进
    int b=5;      //赋值等二元运算符左右两侧加空格
    int c, d;     //逗号后空一格
    if (True){    //if 和括号间空一格
        c=a+b;     //内层也是缩进四格
    }
}
```

2.6　程序流程控制

程序流程控制指的是控制程序语句运行的顺序，它主要包括顺序控制、条件控制和循环控制。顺序控制是从上到下按照先后次序依次执行程序语句；条件控制是根据条件的成立与否来判断接下来需要执行的语句；循环控制是循环执行某些语句，并根据条件确定终止循环的时机与循环次数。下面将对程序的流程控制进行详细介绍。

2.6.1　复合语句

复合语句是最基本的语句，是大括号 "{}" 之间包裹着的语句，如方法体等。这些语句共属于一个层次，或者说属于一个块，从上往下依次执行，并且可以进行嵌套，是顺序控制的体现。

2.6.2　条件语句

条件语句表示那些根据条件来确定执行或不执行的语句，满足条件就执行，不满足条件就不执行。

1. if 条件语句

1）简单的 if 语句

简单的 if 语句的基本形式如下：

```
if(布尔表达式)
{
布尔表达式为 true 将执行的语句
}
```

简单的 if 语句的基本运行流程如图 2-12 所示。

简单的 if 语句的使用方法：在 if 后面的括号中写出需要判断的布尔表达式，如果布尔表达式的值为真，则运行后续块中语句，如果为假则不运行，下面是一个程序示例。

【例 2-12】 简单的 if 语句使用示例。

```
public class IfTest1{
    public static void main(String
args[]){
        int a=3;
        int b=9;
        if(a<5){  //简单的 if 语句
           System.out.println("a是小于5的");
        }
    }
}
```

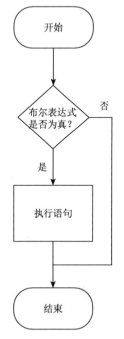

图 2-12　简单的 if 语句流程图

程序运行结果如图 2-13 所示。

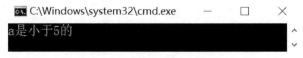

图 2-13　例 2-12 运行结果

[说明]因为括号里的表达式 a<5 的值为真，所以输出后续块中内容"a是小于 5 的"。

2）if-else 语句

if-else 语句的基本形式如下：

```
if(布尔表达式)
{
    布尔表达式为 true 将执行的语句
}else{
    布尔表达式为 false 将执行的语句
}
```

if-else 语句的基本运行流程如图 2-14 所示。

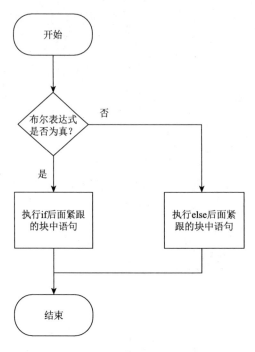

图 2-14　if-else 语句流程图

　　if-else 语句的使用方法是，在 if 后面的括号中写出需要判断的布尔表达式，如果布尔表达式的值为真，则运行 if 后面紧跟着的块中语句，如果为假则运行 else 后面紧跟着的块中语句，下面是一个程序示例。

【例 2-13】if-else 语句使用示例。

```java
public class IfTest2{
    public static void main(String args[]){
        int a=3;
        int b=9;
        if(a==3&&b !=9){  //if...else 语句
            System.out.println("a 等于 3,b 不等于 9");
        }else{
            System.out.println("a 不等于 3 或 b 等于 9");
        }
    }
}
```

程序运行结果如图 2-15 所示。

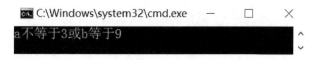

图 2-15　例 2-13 运行结果

[说明]因为括号里的表达式"a==3&&b!=9"值为假，所以输出 else 后面紧跟着的后续块中的内容"a 不等于 3 或 b 等于 9"。

3）if-else if-else 语句

if-else if-else 语句的基本形式如下：

```
if(布尔表达式 1)
{
    布尔表达式 1 为 true 将执行的语句
}else if(布尔表达式 2){
    布尔表达式 2 为 true 将执行的语句
}else{
    以上布尔表达式都为 false 将执行的语句
}
```

if-else if-else 语句的基本运行流程如图 2-16 所示。

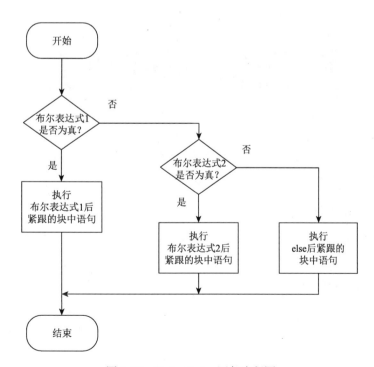

图 2-16　if-else if-else 语句流程图

if-else if-else 语句的使用方法：在 if 后面的括号中写出需要判断的布尔表达式，如果布尔表达式的值为真，则运行后续块中语句，如果为假则不运行，下面是一个程序示例。

【例 2-14】if-else if-else 语句使用示例。

```java
public class IfTest3{
    public static void main(String args[]){
        int a=3;
        int b=9;
        if(a<2){
            System.out.println("a 小于 2");
        }else if(a<4){
            System.out.println("a 大于等于 2 但是小于 4");
        }else if(a<6){
            System.out.println("a 大于等于 4 但是小于 6");
        }else{
            System.out.println("a 大于等于 6");
        }
    }
}
```

程序运行结果如图 2-17 所示。

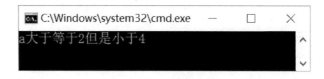

图 2-17　例 2-14 运行结果

[说明]因为括号里的表达式"a<2"值为假，继续判断 a 是否小于 4，a 小于 4 条件满足，输出后续块中"a 大于等于 2 但是小于 4"。

2. switch 多分支条件语句

switch-case 语句的基本结构如下：

```
switch(表达式){
    case 值：语句；break;
    case 值：语句；break;
    default：语句；
}
```

switch-case 语句的基本运行流程如图 2-18 所示。

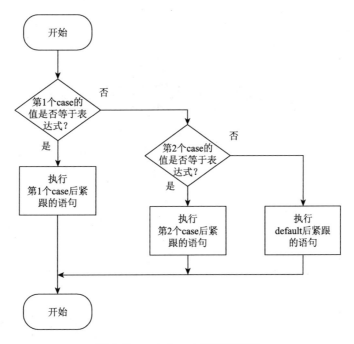

图 2-18　switch-case 语句流程图

　　switch-case 语句通过判断 switch 括号里的值与一系列 case 分支后的值中某个值是否相等，选择一个 case 后的语句进行执行。需要注意的是，除了 default 后，通常情况下需要在每个 case 语句后加个 break 语句，以便选中该 case 后及时跳出，否则会继续执行后续语句。default 因为本来就位于最后，所以可以不加。

【例 2-15】switch 多分支语句使用示例。

```java
public class SwitchTest {
    public static void main(String args[]){
        int m=3;
        switch(m){
            case 0:
                System.out.println("m 的值为 0");break;
            case 1:
                System.out.println("m 的值为 1");break;
            case 2:
                System.out.println("m 的值为 2");break;
            default:
                System.out.println("m 的值不为 0,1,2");
        }
    }
}
```

程序运行结果如图 2-19 所示。

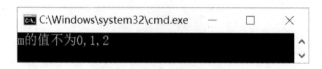

图 2-19　例 2-15 运行结果

[说明]因为括号里的表达式为 3，检验前三个 case 的值都不相等，所以匹配到 default 中的内容，输出 "m 的值不为 0,1,2"。

2.6.3　循环语句

如果要执行某部分语句多次，可以使用循环语句。

1. while 循环语句

While 循环语句的基本形式如下：

```
while(布尔表达式){
    循环体
}
```

While 循环语句的基本运行流程如图 2-20 所示。

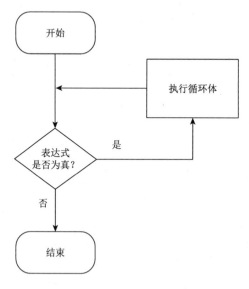

图 2-20　while 循环语句流程图

while 循环表示 "当" 结构，只要当 while 后面括号里的条件表达式为 true，后面大括号块里的语句一直执行下去。

【例2-16】while 循环语句使用示例。

```java
public class WhileTest {
    public static void main(String args[]) {
        int i=0;
        while(i<5) {
            System.out.println("此时 i 的值为："+i);
            i++;
        }
    }
}
```

程序运行结果如图 2-21 所示。

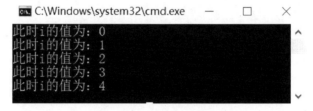

图 2-21　例 2-16 运行结果

[说明]程序一开始 i=0，当 i<5 时执行循环体，输出并自增 1，循环了 5 次，输出 0~4。

2. do-while 循环语句

do-while 循环语句的基本形式如下：

```
do {
    循环体
} while（布尔表达式）
```

do-while 循环语句的基本运行流程如图 2-22 所示。

do-while 表示与 while 相似，但是它至少执行 do 后面代码块中的内容一次。

【例2-17】do-while 循环语句使用示例。

```java
public class DoWhileTest {
    public static void main(String args[]){
        int i=0;
        do{
            System.out.println("此时 i 的值
                为："+i);
            i++;
        }while(i<5);
```

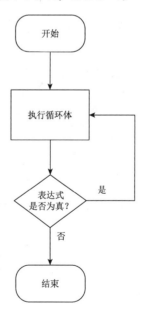

图 2-22　do-whlie 循环语句流程图

```
    }
}
```
程序运行结果如图 2-23 示。

图 2-23　例 2-17 运行结果

[说明]程序一开始 i=0，程序先执行 i 自增 1，然后判断是否 i<5，只要满足就执行循环体，输出并自增 1。

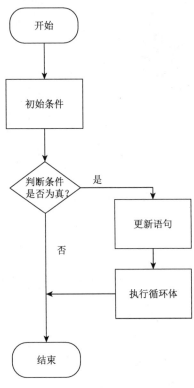

图 2-24　for 循环语句流程图

3. for 循环语句

for 循环语句的基本结构是

for(初始条件；判断条件；每次循环的更新){
　　循环体
}

for 循环语句的基本运行流程如图 2-24 所示。

满足判断条件则进入下一次循环，分号不可省略，但是条件与更新都可省略，且可用 for（;;）表示死循环，可与循环控制关键词搭配使用。

特别地，Java 中还有一种增强型的 for 循环语句，常被称为 foreach 循环语句，其基本格式为 for（声明语句：表达式），常与数组联合使用，将在数组部分详细介绍。

【例 2-18】for 循环语句使用示例。

```java
public class ForTest {
    public static void main(String
    args[]) {
        int i;
        for(i=0;i<5;i++){
            System.out.println("此时 i 的值
            为："+i);
        }
    }
}
```

程序运行结果如图 2-25 所示。

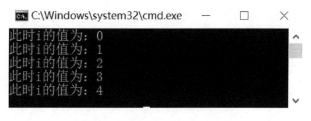

图 2-25　例 2-18 运行结果

[说明]程序从 0 开始循环，循环了 5 次，每次循环都输出当前的 i 值。

2.6.4　循环控制

1. break 语句

break 语句表示跳出所在的最里层循环，也可用于跳出 switch 分支选择语句块，其用法非常简单，就在要跳出的结构中加入一行：

```
break;
```

其流程图如图 2-26 所示。

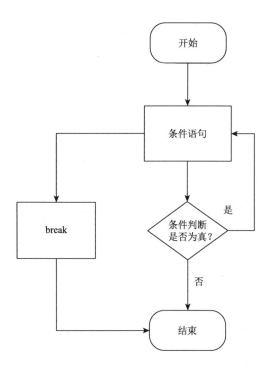

图 2-26　break 语句流程图

2. continue 语句

continue 语句表示跳出当前该次循环，进入下一次循环，其用法就是在要跳出结构中加入一行：

continue;

其流程图如图 2-27 所示。

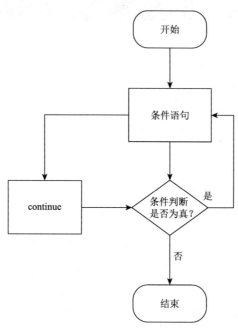

图 2-27　continue 语句流程图

【例 2-19】break 和 continue 使用示例。

```java
public class BreakContinue{
    public static void main(String args[]){
        int i,j;
        for(i=0;i<5;i++){
            System.out.println("i="+i);
            if(i==3)break;
        }
        System.out.println();
        for(j=0;j<5;j++){
            if(j==3)continue;
            System.out.println("j="+j);
        }
    }
}
```

程序运行结果如图 2-28 所示。

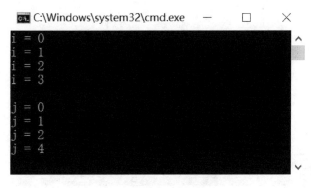

图 2-28　例 2-19 运行结果

[说明] 第一部分程序从 0 开始循环到 4,但是等于 3 的时候就 break 跳出循环了,所以只输出到 3;第二部分程序从 0 开始循环到 4,但是等于 3 的时候就 continue 了,所以 3 没有输出,但是后面的 4 输出了。

2.7　字　符　串

字符串是用双引号括起来的一组字符,如"abcde""3+5"等,在 Java 语言中将字符串作为对象来管理。

2.7.1　String 类

1. 声明字符串

声明字符串的基本格式如下:

```
String mystr;  //声明一个叫作 mystr 的字符串
```

2. 创建字符串

常用的创建字符串的方法有以下两种。

（1）通过直接赋值字符串常量创建:

```
String mystr="This is a string";
```

（2）用一个字符数组创建:

```
char c[]={'s','t','r','i','n','g'}
String s=new String(c);
```

下面是一个字符串创建示例。

【例 2-20】一种 String 类构造方法初始化字符串使用示例。

```
public class InitString{
    public static void main(String args[]){
```

```
        char[] myArray={'g','o','o','d'};
        String myString=new String(myArray);
        System.out.println(myString);
    }
}
```

程序运行结果如图 2-29 所示。

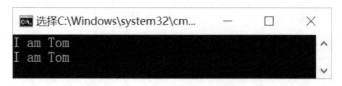

图 2-29　例 2-20 运行结果

[说明]首先声明了一个字符数组，然后通过 String 类的构造方法创建字符串并输出。

2.7.2　连接字符串

Java 中可以通过加号"+"连接多个字符串，也可以连接字符串和其他类型的变量，但是要注意的是，"+"连接的非字符串变量，连接时变量名不能带引号；还可以通过 str1.concat（String str2）方法连接字符串 str1 和 str2。

【例 2-21】连接字符串使用示例。

```
public class ContactString{
    public static void main(String[] args){
        String myString1="I am";
        String myString2=" Tom";
        System.out.println(myString1+myString2);
        System.out.println(myString1.concat(myString2));
    }
}
```

程序运行结果如图 2-30 所示。

图 2-30　例 2-21 运行结果

[说明]该程序通过两种不同的字符串连接方法连接了"I am"和"Tom"，并输出。

2.7.3　获取字符串信息

1. 获取字符串长度

String 类中提供了 str.length()方法，可以获取字符串 str 的长度。

2. 字符串查找

str.indexOf（String str）和 str.lastIndexOf（String str）两种方法可以用来查找字符串。str.indexOf()返回的是搜索的字符或字符串在 str 中第一次出现的位置，str.lastIndexOf()返回的是最后一次出现的位置。

3. 获取指定索引位置的字符

使用 str.charAt()方法可将 str 中指定索引位置的字符返回。

【例 2-22】一种 String 类构造方法初始化字符串使用示例。

```
public class StringInfo{
    public static void main(String args[]){
        String mystr="hello";
        System.out.println("字符串长度为:"+mystr.length());
        System.out.println("第一次出现 1 的索引位置为 :"+mystr.
            indexOf("l"));
        System.out.println ("最后一次出现 1 的索引位置为: "+mystr.
            lastIndexOf ("l"));
    }
}
```

程序运行结果如图 2-31 所示。

图 2-31　例 2-22 运行结果

[说明]该程序运用相关方法输出了字符串的长度、第一次出现 1 的位置和最后一次出现 1 的位置。

2.7.4　字符串操作

1. 获取子字符串

str.substring()方法可以获取子字符串，其有两种重载形式：当仅有一个参数时，

str.substring（int beginIndex）表示从指定索引位置取子字符串一直取到最后；当有两个参数时，str.substring（int beginIndex，int endIndex）表示取 str 字符串中，两个参数所代表索引中间的子字符串。

2. 去除空格

str.trim()方法可以去除字符串前后的空格。

3. 字符串替换

str.replace（char oldChar，char newChar）方法可以将指定字符串替换成新的字符串。其中，第一个参数表示需要替换的旧字符串，第二个参数表示替换后的新字符串。如果 oldChar 没有出现在原字符串中，则返回原字符串。

4. 判断字符串的开始与结尾

startsWith（String prefix）和 endsWith（String suffix）可以用来判断字符串是否以指定的内容开始或结束，返回一个布尔类型的结果。其中，参数 prefix 表示判断是否以其开始的字符串，suffix 表示判断是否以其结束的字符串。

5. 判断字符串是否相等

对于两个字符串，如果需要比较两者内存地址是否相同，可以使用"=="。但是如果需要比较两个字符串的内容，可以使用 str1.equals（String str2）和 str1.equalsIgnoreCase（String str2)进行比较，其中 str1 和 str2 表示比较的两个字符串对象。str1.equals（String str2）方法在比较时是区分大小写的，而 str1.equalsIgnoreCase（String str2）则在忽略大小写的情况下对两者进行比较。

6. 按字典顺序比较两个字符串

str1.compareTo（String str2）方法可以按字典顺序比较两个字符串，比较时参照字符串中各个字符的 Unicode 值，将 str1 与 str2 的字符串序列进行比较,如果按照字典序列 str1 位于 str2 之前则返回一个负整数，位于之后则返回一个正整数，两者相等返回结果为 0。

7. 字母大小写转换

str.toLowerCase()可以将字符串 str 中所有大写字母更改为对应小写字母，str.toUpperCase()是将 str 中所有小写字母更改为对应大写字母。

【例 2-23】字符串操作使用示例。

```
public class StringOperate{
    public static void main(String args[]){
        String str=" helloworld";
        System.out.println("获取字符串");
        System.out.println(str.substring(3));
```

```java
        System.out.println(str.substring(3,5));
        System.out.println("去除空格");
        System.out.println(str.trim());
        System.out.println("字符串替换");
        System.out.println(str.replace("hello","my"));
        System.out.println("判断字符串开始和结尾");
        System.out.println(str.startsWith("hello"));
        System.out.println(str.endsWith("hello"));
        System.out.println("判断字符串是否相等");
        System.out.println(str.equals("  HelloWorld"));
        System.out.println(str.equalsIgnoreCase("  HelloWorld"));
        System.out.println("按照字典顺序比较两个字符串");
        System.out.println(str.compareTo("  HelloWorld"));
        System.out.println(str.compareTo("  helloworld"));
        System.out.println("字母大小写转换");
        System.out.println(str.toLowerCase());
        System.out.println(str.toUpperCase());
    }
}
```

程序运行结果如图 2-32 所示。

图 2-32　例 2-23 运行结果

[说明]该程序示例了一系列字符串操作方法。

2.8　数　　组

数组是存储多个固定大小、类型相同元素的有序数列，本节将介绍 Java 中的数组。

2.8.1　数组概述

数组可以理解为一个容器，它存放 Java 中同一数据类型的元素。在数组中存放的数据既可以是基本数据类型，又可以是引用数据类型，而数组本身则属于引用数据类型。当存放应用数据类型时，数组默认为空。并且数组一旦被初始化就不允许更改。Java 数组和其他语言类似，下标是从 0 开始的，数组在 Java 中是一个对象，其创建和使用方式与对象一致，下面将详细进行介绍。

2.8.2　一维数组的创建和使用

1. 声明一维数组

在一个数组中，所有数据元素只有一个下标，将其称为一维数组。在 Java 中数组依然遵循先声明后使用的方式，声明方式有以下两种：

```
int[] arr;
int arr[];
```

这两种声明方法并没有本质区别，但是推荐使用第一种方式进行声明。

2. 创建一维数组

因为在 Java 中数组是一个对象，所以在创建时也需要进行实例化，可以采用以下两种方式进行实例化：

```
int[] arr=new arr[5];  //创建一个长度为 5 的数组
int[] arr={1,2,3,4,5}  //创建一个数组并为数组中元素赋值
```

3. 使用一维数组

一维数组的元素调用方式如 arr[1]，表示调用 arr 数组的第二个元素。

【例 2-24】一维数组创建和使用示例。

```
public class ArrayTest1D{
    public static void main(String args[]){
        int[] a=new int[3];
        a[0]=1;
        a[1]=2;
```

```
        a[2]=3;
        for(int i=0;i<3;i++){   //打印各元素
            System.out.println("数组索引下标为"+i+"中的元素值为
                "+a[i]);
        }
    }
}
```

程序运行结果如图 2-33 所示。

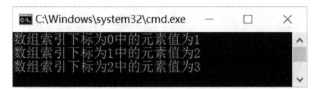

图 2-33　例 2-24 运行结果

[说明]该程序创建了一个包含 3 个元素的数组,并输出了每个数组元素中的值。

2.8.3　二维数组的创建和使用

二维数组可以看成一个每个数据元素都是数组的一维数组。二维数组的创建有两种方式,第一种直接为每一维分配空间:

```
int a[][]=new int[5][4];   //创建一个 5 行、4 列的二维数组
```

第二种是从最高维开始,分别为每一维分配空间:

```
String s[][]=new String[2][];
s[0]=new String[2];
s[1]=new String[3];
s[0][0]=new String("How");
s[0][1]=new String("do");
s[1][0]=new String("you");
s[1][1]=new String("do");
s[1][2]=new String("?");
```

如果需要使用数组,直接以 arr[1][0]的形式调用即可。

【例 2-25】二维数组使用示例。

```
public class Array2D{
    public static void main(String[] args){
        int m[][]=new int[5][5];
        for(int i=0;i<m.length;i++){
            for(int j=0;j<m[i].length;j++){
                System.out.print(m[i][j]);
```

```
        }
        System.out.println();
        }
    }
}
```

程序运行结果如图 2-34 所示。

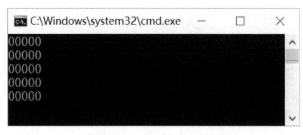

图 2-34　例 2-25 运行结果

[说明]该程序创建了一个 5×5 的二维数组，并按照数组结构进行输出，因为新建后还未赋值，可以看到所有元素值都是 0。

2.8.4　数组的基本操作

1. 遍历数组

遍历数组指的是获取数组中每个元素，可以使用 for 循环语句去遍历，并且 Java 中有一种更简便的 foreach 循环语句可以用于数组遍历。

【例 2-26】数组遍历示例。

```
public class ArrayTraverse{
    public static void main(String args[]){
        String[]str=new String[3];
            str[0]="hello";
            str[1]="hi";
            str[2]="thank you";
        for(int i=0;i<str.length;i++){
        System.out.println("一维数组 for 循环语句遍历:"+str[i]);
        }
        for(String x:str){
            System.out.println("一维数组 foreach 循环语句遍历: "+x);
        }
    }
}
```

程序运行结果如图 2-35 所示。

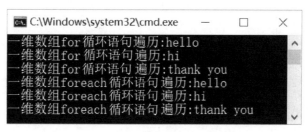

图 2-35　例 2-26 运行结果

[说明]该程序分别通过 for 循环语句和 foreach 循环语句对字符串数组进行遍历并输出。

2. 数组排序

Arrays.sort（Object）方法可以对数组进行升序排序，如果需要逆序排序，只要在使用时反向遍历即可。注意使用前需要导入 Arrays 类。

【例 2-27】 数组排序示例。

```java
import java.util.Arrays;
public class ArraySort{
    public static void main(String args[])
    {
        int[] a={0,5,4,3,1,2};
        Arrays.sort(a);
        for(int i=0;i<a.length;i++)
            System.out.print(a[i]+" ");
    }
}
```

程序运行结果如图 2-36 所示。

图 2-36　例 2-27 运行结果

[说明]该程序创建了数组 a 并按照升序对数组中的元素进行了排序。

3. 数组查询

Arrays.BinarySearch（Object[] a，Object key）方法可以搜索数组 a 中值为 key 的元素的索引，否则返回 "−1" 或者 "−x"（这里的 x 指的是搜索不到时，如果要插入该值，则应该插入的索引位置）。例如，例 2-28 中 3 的插入点按照排序后顺序索引应该是 2，所以在查找不到时返回索引−2。它还有一种常用重载形式，即 Arrays.BinarySearch（Object[] a， int fromIndex，toIndex，Object key），是在数组 a 中，在从 fromIndex 开始，到 toIndex 结束的范围内搜索出值为 key 的数组元素索引。

【例 2-28】数组查询示例。

```java
import java.util.Arrays;
public class ArraySearch{
    public static void main(String[] args){
        int arr[]=new int[]{1,2,3,4,5};
        Arrays.sort(arr);
        System.out.println("3 的索引位置是:"+Arrays.binarySearch
            (arr,3));
        System.out.println("在索引 0,1 中搜索 3 的结果是:"+Arrays.
            binarySearch(arr,0,1,3));
    }
}
```

程序运行结果如图 2-37 所示。

图 2-37　例 2-28 运行结果

[说明]该程序创建了一个数组，排序后对 3 进行查找，查找到后返回其索引 2。但是在索引 0，1 中查找时查找不到，所以返回−2，代表如果要插入，则应该插入在索引 2 的位置。

2.9　小　　结

本章内容主要对 Java 语言的基础知识进行了介绍。介绍的内容包括：Java 的基本数据类型、变量与常量、运算符与表达式、数据类型转换、代码注释与编码规范、程序流程控制、字符串和数组。如果有其他语言基础的同学可以进行类比学习，要注意 Java 与其他语言的一些类似点和不同点。

2.10　习　　题

1. 以下赋值表达式错误的是（　　　　）。
A. int I = 10　　　　　B. float f = 2.5　　　　C. char c = '\n'　　　　D. double d = 9.666
2. 可以作为 Java 中合法的标识符的是（　　　　）。
A. 3D　　　　　　　　B. name　　　　　　　C. extends　　　　　　D. implements

3. 数组中可以包含（　　）的元素。

A. int 型　　　　　　B. String 型　　　　　C. 数组　　　　　　D. 以上都可以

4. 在 Java 中，不属于整数类型变量的是（　　）。

A. double　　　　　　B. long　　　　　　　C. int　　　　　　　D. byte

5. 下列关于变量错误的说法是（　　）。

A. 变量名必须是一个有效的标识符

B. 变量在定义时可以没有初始值

C. 变量一旦被定义，在程序中的任何位置都可以被访问

D. 在程序中，可以将一个 byte 型的值赋给一个 int 型的变量，不需要特殊声明

6. 下面代码段的输出是（　　）。

```
String String="String";
System.out.println(String);
```

A. String　　　　　　B."String"　　　　C. 编译出错　　　　D. 运行出错

7. 执行完代码 int[]x=new int[10];后，以下说明正确的是（　　）。

A. x[9]为 0　　　　　B. x[9]未定义　　　C. x[10]为 0　　　D. x[0]为空

8. 若 a 的值为 3，下列程序段被执行后，c 的值是（　　）。

```
if(a>0)
      if(a>3)  c=2;
    else c=3;
else c=4;
```

A. 1　　　　　　　　B. 2　　　　　　　　C. 3　　　　　　　　D. 4

9. 下面循环会导致死循环的是（　　）。

A. for（int k=0；k<0；k++）

B. for（int k=10；k>0；k--）

C. for（int k=0；k<10；k--）

D. for（int k=0；k>0；k++）

10. 有如下程序段：

```
String s1="Hello World!";
String s2="Hello World!";
```

则表达式 s1==s2 与 s1.equals(s2) 的结果分别是（　　）。

A. false 与 false　　　　　　　　　　B. false 与 true

C. true 与 false　　　　　　　　　　D. true 与 true

11. 执行完代码 int[]x=new int[10];后，x[9]中的值为____。

12. 设 x 为 float 型变量，y 为 double 型变量，a 为 int 型变量，b 为 long 型变量，c 为 char 型变量，则表达式 x+y*a/x+b/y+c 的值为____型。

13. 在 Java 中，"456" 属于____类的对象。

14. 简述 while 和 do-while 的区别。

15. 简述成员变量和局部变量的作用范围。

第 3 章 类 与 对 象

3.1 面向对象概述

面向对象程序设计的基本思想是使用类、对象、继承、封装、消息等基本概念进行程序设计。早期的计算机使用结构化的语言，但随着计算机应用规模的扩大、处理对象的复杂化，单一的结构化语言难以描述更为复杂的对象，于是人们提出了面向对象的编程思想，将抽象对象与现实世界类比，定义对象的属性及对象的动作，封装调用，具有可重用性、可扩展性和可维护性。

3.1.1 对象的概念

在 Java 语言中，除了基本数据类型值之外，一切都是对象，因此对象就是面向对象程序设计的中心。在现实世界中，对象是事物存在的实体，数学公式、动物和飞机轮船等均可看作对象，它不仅能表示具体的事物，还能表示抽象的规则、计划或事件。

考虑人们思考问题的习惯，对象具有静态和动态两种状态。Java 通过为对象定义成员变量来描述对象的静态状态；对象还有操作，这些操作可以改变对象的动态状态，对象的操作也被称为对象的行为，Java 通过为对象定义方法来描述对象的行为。

对象把数据和对数据的操作封装成一个有机的整体，实现了数据和操作的结合，因此能够提供更大的编程粒度，对编程人员来说，更易于掌握和使用。

对象是 Java 程序的核心，Java 里的对象具有唯一性，通过标识可以引用对象，如果某个对象失去了标识，这个对象将变成垃圾，由系统垃圾回收机制来回收它。Java 语言中不允许直接访问对象，而是通过引用对象实现对对象的操作。

3.1.2 类的概念

类是对象的抽象表示，它是将具有相同性质或者相似性质的对象的属性和操作抽象出来的表示。对象是面向对象程序设计的中心，类似于现实世界中的某个实体，程序设计人员不可能在每使用一个对象时就创建一个对象，就像人们去体检，如果每个人得到的体检结果表都是新建的，体检项是混乱无序的，那么每多一个人去体检，就需要重新编辑一份体检表，但是如果根据大多数人的体检项建立一个标准的体检表，当有新的体检者去体检时就可以使用体检表模板，省去了不断创建新表的麻烦。类就担任这样一个角色，它是对象创建的模型和蓝图，在创建对象时，系统会根据类来创建某种对象，它规定了某类对象所共同拥有的数据和行为特征，创建的对象将具有类中定义的实例变量和方法。

在 Java 中，某些类之间具有一定的结构关系，这种关系主要分为两种：一种是从一般到特殊的关系，类可以作为父类，其他类可以成为该类的子类，在父类的数据和行为基础上做特定的修改，这就是从一般到特殊的过程；另一种是从整体到部分的关系，类可以被某些类在定义时所引用，成为其组成部分，这就是从整体到部分的过程。

3.1.3 封装

封装是指以类为载体，将类中的数据结构封装起来。封装的优点是，用户不需要了解类中的所有数据结构，只需要在使用时执行能够被允许的数据操作，不需要关心类的内部构造。

Java 的封装性是面向对象程序设计语言中的重要思想，它既能够简化用户的操作，又能够保证类中内部数据的完整性。

3.1.4 继承

继承是面向对象程序设计的特性之一，它描述类与类之间的一种关系。通过 3.1.2 节学习可知，类与类之间是存在多种关联关系的，其中一般到特殊的过程描述的就是类与类间的继承关系。

寻找继承关系的起始点就是寻找具有共同属性和行为的类，从而设计出具有一些共同属性和行为的类，其他具有相同属性和行为的类通过继承该类就可以省去再定义相同属性和行为的步骤，这些继承的类称为子类，被继承的类称为父类，它们之间的关系就是继承关系，需要注意的一点是，一个父类可以拥有多个子类，而一个子类只能拥有一个父类。继承使程序之间可以实现复用，简化代码，提高了代码编写的效率和可维护性。

在继承中，子类除了共同的属性和行为从父类处得到继承外，它也会有自己特殊的属性和行为，一般体现在两方面：一是子类在继承后根据自己的特点改写了父类的行为，这就是重写；二是子类有其他的属性和行为。另外，在具有共同父类的子类中可以接着寻找部分子类中是否还有共同的属性和行为，进而判断是否有新的继承关系，如果共同特征比较明显，就可以设计出新的具有共同属性和行为的类。事实上，继承关系是层状结构，继承体系可以用树状结构来表示。例如，苹果、芒果、桃子和山竹，它们的共同特征是都是水果，因此可以设计一个水果类作为它们的父类，接着寻找部分子类之间的共同特征，发现苹果和山竹是凉性水果，芒果和桃子是温性水果，性质不同，在功能效用上也有所不同，于是设计出凉性水果类和温性水果类，分别作为苹果和山竹的父类及芒果和桃子的父类。四者之间的继承关系树状结构图如图 3-1 所示。

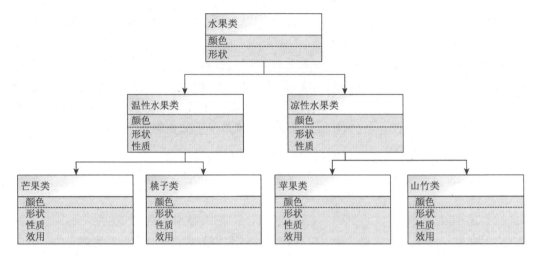

图 3-1　继承关系树状结构图

由图 3-1 可以看出，由继承关系所形成的继承体系是一种树状结构图，子类继承了父类的成员，并且子类可以拥有其他的属性和行为或者改写父类的原有成员，一个子类也可以成为其他类的父类，这与现实世界中事物的继承关系十分相似。

3.1.5　多态

在 Java 中，多态的实现依赖于继承、重写和子类引用父类这三点，多态的体现则是父类对象应用于子类的特征。例如，动物类中有一个进食的行为，所有的动物都有进食行为，如果将子类的对象统一看作父类的实例对象，那么某一类动物的进食行为只需要实例化父类的进食行为就可以，这是多态的基本思想。

多态允许以统一化的风格编写代码，来管理已经存在的类或者相关类，这种统一化的风格的实现主要是靠父类代码的实现，子类在使用时引用父类对象，当需要维护和修改的时候，只需要操作父类的方法即可，而不需要修改繁多的子类，避免了大量烦琐的工作，降低了维护的难度。

在 Java 中，多态的实现依赖于抽象类和接口，而不是具体类。例如，动物类虽然定义了动物和进食行为，但是大家并不知道是哪种动物，进食行为也不知道具体是如何完成的，这个时候用"抽象"来描述它显然更为合适，因此动物类可以说是一种抽象类，进食行为可以说是一种抽象方法。在多态机制中，父类通常会被定义为抽象类。接口是多个抽象方法的集合。它跟抽象类相比，要更为简洁，它只包含抽象方法，而抽象类中除了抽象方法也可以有非抽象方法。接口可以类比于现实世界中的"接口"，如 USB 接口，不同的设备生产商千差万别，可是它们都可以通过 USB 接口来传输信息。一般来说，在多态机制中，父类实现接口，同时实现接口中的一些抽象方法，子类继承父类，根据需要重写抽象方法，然后重写进食行为这一方法。

3.2 类

3.1.2 节介绍了类的基本概念，它将对象之间相同的属性和行为抽象出来并封装起来，其中属性可以表示为成员变量，行为可以表示为成员方法，这一节将介绍类是如何在 Java 中定义的。

3.2.1 类的定义

在 Java 中用 class 关键字定义类，声明类包括权限修饰符（可有可无）、class 和类名，类的内容包括成员变量和成员方法。在定义类的时候，可以先考虑需要实例化的对象的属性和行为，在此基础上考虑类的内容中成员变量和成员方法的定义。

【例 3-1】 定义类的成员变量类别和成员方法进食示例。

```
public class Animal {
    //定义成员变量
    String species;
    //定义成员方法
    public void eat(){
    }
}
```

例 3-1 定义了 Animal 类，class 声明类的定义，类名是 Animal，Animal 类包括成员变量 species 和成员方法 eat()，species 是指动物的类别这一属性，eat() 是指动物的进食行为，就这样，一个最简单的类就被定义了。

3.2.2 成员变量

成员变量对应的是对象的属性，成员变量的定义在类中完成，定义的主体部分是创建 Java 中的一种数据类型，前面可以出现权限修饰符也可以不出现，各种权限修饰符规定的权限的不同在 3.2.4 节将会详细介绍。

【例 3-2】 定义类的成员变量和成员方法，成员方法中有赋值给成员变量的方法示例。

```
public class Animal {
    //定义成员变量
    String species;

    //定义成员方法
    public void eat(){
```

```
    }

    //赋值给成员变量
    public void setSpecies(String species){
        this. species=species;
    }

    //获得成员变量的值
    public String getSpecies(){
        setSpecies("lion");
        return this. species;
    }
}
```

例 3-2 在例 3-1 的基础上增加了赋值给 species 和获取 species 的方法，并且在获值方法中调用了赋值的方法，传入 "lion" 值。在实例化类对象的时候，并没有给成员变量 species 一个初始值，如果给的话在定义成员变量时就可以进行赋值，因此在实例化的时候，species 的值是默认值（系统给的），这里值得注意的一点是，如果要查看 species 的值，就需要调用 getSpecies() 的方法，得到的结果会是 lion，因为这个时候已经调用了赋值方法，传入了变量值，而如果不查看 species 的值，即不调用 getSpecies()，则 species 的值仍是默认值。

3.2.3　成员方法

成员方法对应的是对象的行为，成员方法的定义也在类中完成。成员方法的声明包括权限修饰符（不写会有默认值）、返回值类型、方法名和传入参数列表。

如果方法没有返回值，则定义为 void，如果方法有返回值，则定义为返回值的数据类型，并且方法中需要使用 return 关键字返回数据值。例如，例 3-2 中 getSpecies() 方法返回值类型是字符串类型，其中有一句 return 成员变量 species，即返回了一个字符串类型的数据。

方法名如果和类同名，则该成员方法为构造方法，构造方法可以不写，系统会有一个默认的构造方法，默认构造方法无传入参数，方法体里为空。如果需要其他的构造方法，用户可以自行创建构造方法，需要注意两点：一是一旦定义了其他的构造方法，默认的空构造方法失效，如果还需要空构造方法，则需要用户自己定义；二是在重载构造方法的过程中，需要改变传入参数列表，即多个构造方法必须在传入参数列表上有区别，这样在实例化对象时才能根据传入参数唯一确定使用哪个构造方法。

【例 3-3】在 Animal 类中定义了两种构造方法，并分别实例化对象，返回变量和方法返回值示例。

```java
public class Animal {
    //定义成员变量
    String species;
    //定义成员方法
    public void eat(){
    }
    Animal(){
    }
    Animal(String s){
        this.species=s;
    }
    public static void main(String[] args){
        Animal a=new Animal();
        Animal b=new Animal("cat");
        System.out.println(a.species);
        System.out.println(b.species);
    }
}
```

控制台输出结果如图 3-2 所示。

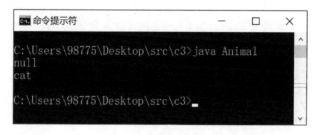

图 3-2　例 3-3 的输出结果

在例 3-3 中，定义了两个 Animal 类的构造方法，一个为空，一个传入字符串类型数据，在实例化对象时，传入字符串"cat"调用了第二种构造方法，输出返回值为 cat，另外一个无传入参数，调用空构造方法，输出返回值为 null。

成员方法可以使用成员变量和传入参数，使用成员变量时需要用到 this 关键字，方式是"this.成员变量"，除此之外，在成员方法中还存在和成员变量所区别的一种变量——局部变量。局部变量会在 3.2.5 节和 3.2.6 节中会做详细的介绍。

3.2.4　权限修饰符

Java 中的权限修饰符规定了类和类的成员，包括成员变量和成员方法被访问的权限。

权限修饰符有三种，按照权限从大到小依次是：public、protected、private。public 允许类和类成员被本包及其他包中的类使用，protected 允许类和类成员被本包中的类所使用，private 只允许本类访问，继承父类的子类也不允许访问父类的成员。关于三种权限修饰符的访问权限如表 3-1 所示。

表 3-1　权限修饰符的访问权限

权限修饰符	访问权限		
	其他包的类和成员	本包中的类和成员	本类
public	可访问	可访问	可访问
protected	不可访问	可访问	可访问
private	不可访问	不可访问	可访问

权限修饰符可以为空，如果没有权限修饰符，系统会默认为本包内的类和子类可以访问。如果父类的成员变量和成员方法能够被子类所使用，则权限可以设为 public 和 protected。

类的权限修饰符会约束成员变量和成员方法的权限，如果类的权限修饰符小于成员修饰符，则成员修饰符失效，会以类的权限修饰符为准，如果类的权限修饰符不小于成员修饰符，则访问成员的权限由成员权限修饰符决定。

3.2.5　局部变量的概念

局部变量是相对于成员变量而言的，不同于成员变量的作用范围是整个类，局部变量是方法、某段程序块内所定义的变量，超过限定范围就会失效，在定义局部变量时，必须给它初始化或者赋值，否则编译错误。

在例 3-2 中，setSpecies() 方法中的 species 就是一个局部变量，它和成员变量 species 同名，但是在方法中两者作用不同，在方法内，species 是传入的字符串变量，在方法外，species 是成员变量 species。

局部变量在 Java 中很常见，合理地使用局部变量能够有效避免资源的占用和浪费，关于局部变量的有效范围在 3.2.6 节会进行说明。

3.2.6　局部变量的有效范围

局部变量的有效范围取决于定义它的程序块的作用范围。例如，在循环内定义的一个局部变量，一旦循环结束，该局部变量就不存在了；在函数内定义的一个局部变量，函数结束，局部变量也就不存在了。

【例 3-4】编写一个方法进行两数之间的累加求和，在主函数里调用该方法。

```java
public class Test {
    int sumNum(int i,int j){
        int sum=0;
```

```
        for(int k=i;k<=j;k++){
            sum+=k;
        }
        return sum;
    }
    public static void main(String[] args){
        Test t=new Test();
        int sum=t.sumNum(1,10);
        System.out.println(sum);
    }
}
```

在例 3-4 中，sumNum() 方法中传入的两个形参 i 和 j 的作用范围是整个方法，和在方法中定义的 sum 一样，for 循环中定义的 k 的作用范围是这个循环，循环结束，k 也就不存在了。在主函数中，也定义了一个 sum，和它同名的 sum 在 sumNum() 方法调用完成后就不存在了，这个 sum 的作用范围则为主函数。

在一个方法或者函数中，如果存在同名的局部变量，则无法重复定义，这里判断存在的标准是在定义的局部变量的作用范围内是否存在同名的局部变量，换言之，在方法或者函数里可以出现同名的局部变量定义，但是它们的作用范围是不相关的，如两个并列的条件判断块中出现同名的局部变量的定义，两者的作用范围是不相关的，但是在两个嵌套的条件判断块中则不可以出现同名的局部变量定义，因为两者的作用范围存在包含关系，在一个局部变量的作用范围内存在另一个同名的局部变量，这是不被允许的。

3.2.7　this 关键字

在讲局部变量时，一个方法或者函数中，同名局部变量在作用域相关时是无法重复定义的，那么在类中定义的成员变量和在方法中定义的局部变量如果同名，在方法中显然是局部变量的作用域，但是如果这时候要调用同名的成员变量时该怎么办呢？这就需要 this 关键字了。

【例 3-5】在类 Animal 中定义一个方法，将方法传入的形参的值赋给类的成员变量。

```
void setSpecies(String species){
    this. species=species;
}
```

在例 3-5 中，this.species 调用的是类的成员变量，species 则是方法传入的形参，形参值被赋给了成员变量。如果不使用 this 关键字，则这个赋值是无效的，因为在这个方法中，species 就是传入的形参，相当于自己给自己赋值。

this 关键字能够调用类的成员，包括类的成员变量和成员方法，this 引用的是本类的一个对象，它主要用于区分类的成员和局部变量及方法参数。另外，this 关键字不仅能够调用类成员，而且可以调用类，如在类中创建一个方法，返回本类对象，其返回值为该类类型的数据，"return this；"可以直接作为返回语句。

3.3　构　造　器

构造器其实就是创建类对象的构造函数。构造对象的标志是 new 关键字: new 类名()。

new 之后，会调用类的构造函数，构造函数是类中与类同名的函数，它和方法不同的一点是它不需要返回类型，这是区分它们最关键的地方，也就是说与类同名不代表它就是构造函数，如果它有返回类型，则它不是构造函数，而是方法。

【例 3-6】在 Animal 类中创建一个传入参数类型为字符串的构造函数，同时创建一个返回类型为 void 的同名方法，进行 new 和方法调用。

```
public class Animal {
    String species;

    Animal(String species){
        this.species=species;
        System.out.println("调用的是构造函数");
    }

    void Animal(String species){
        this.species=species;
        System.out.println("调用的是 Animal()方法");
    }

    public static void main(String[] args){
        Animal a=new Animal("cat");
        System.out.println(a.species);
        a.Animal("dog");
        System.out.println(a.species);
    }
}
```

从例 3-6 可以看出，方法名可以和类构造函数同名，它们之间唯一区别是是否有返回类型。

类中可以有多个构造函数，它们之间的区别在于传入参数的不同，包括参数数量、类型和传入顺序的不同，也就是说传入的参数类型和个数可以相同，但如果顺序不同，则是不同的构造函数，如 Animal（String species，int age）和 Animal（int age，String species）是不同的两个构造函数。

类中也可以没有构造函数, 如果用户没有创建构造函数, 那么编译器会自动创建一个空的构造函数, 如 Animal 类自动创建的构造函数是

```
Animal(){

}
```

值得注意的是, 一旦用户创建了自己的构造函数, 那么编译器就会默认该类有自己的构造函数, 就不会再为该类自动创建构造函数, 因此如果还需要传入参数为空的构造函数, 则需要用户自己来创建。

3.4 方 法 重 载

通过对构造器部分的学习, 一个类中是可以有多个构造函数的, 区别在于形参列表的不同, 这样在实例化对象的时候就可以根据需求的不同, 传入不同的形参, 调用对应的构造方法创建对象, 这就是重载的由来, 它并不限于构造函数, 方法也可以进行重载。

3.4.1 需要重载的意义

在一个类中重载构造函数, 是为了提供多种实例化对象的方式, 那么为什么方法需要重载呢?

方法的重载实际上就是改变最少的东西就能区分具有共同特征的某类行为的一种思路, 对于方法来说, 其价值体现在对象调用它的过程, 如果只要方法体不同, 方法名就不同, 显然会有一个非常庞大的方法列表, 增加操作的烦琐程度。更重要的一点是, 如果方法名相同, 利用传入形参列表的不同就能调用不同的方法, 那么就可以将具有相同功能的方法归纳在同个方法名下, 而不需要再分别为它们定义名字。例如, Animal 类中 eat 方法对应进食行为, 进食行为可能有多种, 但它们都是进食行为, 因此都可以用 eat 作为方法的名字, 再根据传入参数的不同定义不同的 eat, 很明显会让方法的定义显得更为有序和整洁。

3.4.2 方法签名

方法签名就是方法的声明, 方法签名的形式为:

[权限修饰符] 返回值 方法名 (形参列表)

权限修饰符可有可无, 如果没有的话, 编译器会默认为本包内的类可以访问的 protected 类型。返回值是必需的, 如果为空, 则为 void, 否则为相应的数据类型, 并且在方法体内必须有 return 关键字返回对应类型。方法名按照约定俗成的命名规则, 一般第一个单词的首字母小写, 后面单词的首字母大写, 这样写更为规范, 但并不是强制性的。

形参列表是方法的区分标志, 形参列表在数目、类型和顺序上的不同就意味着方法的重载。形参列表可以有不定长的参数形式。

【例 3-7】在 Test 类中重载 sum 方法 z 三种形参列表对应不同的方法操作。

```java
public class Test {
    static int sum(int i){
        int sum=0;
        if(i<0){
            for(int k=i;k<=0;k++)
                sum+=k;
        } else {
            for(int k=0;k<=i;k++)
                sum+=k;
        }
        return sum;
    }

    static int sum(int i,int j){
        int sum=0;
        if(i>j){
            for(int k=j;k<=i;k++)
                sum+=k;
        } else {
            for(int k=i;k<=j;k++)
                sum+=k;
        }
        return sum;
    }

    static int sum(int... i){
        int sum=0;
        for(int j=0;j<i.length;j++){
            sum+=i[j];
        }
        return sum;
    }

    public static void main(String[] args){
        System.out.println(sum(4));
        System.out.println(sum(4,9));
        System.out.println(sum(1,3,4,8,9));
```

```
    }
}
```

在例 3-7 中，当形参列表为 (int i) 类型时，执行的操作是 0 累加至 i，当形参列表
为 (int i,int j) 时，执行的操作是 i 累加至 j 或者 j 累加至 i；当形参列表为 (int …i)
类型时，传入了不定长参数，实际上就是 int[]a，则将传入的参数进行累加。

3.4.3 重载定义

重载就是在同一个类中允许出现一个以上的同名的方法或者构造函数，重载要对方法
签名中的参数列表进行修改以使同名方法的参数列表不同，参数数目、类型和顺序任何一
项不同，便是不同的参数列表。重载的方法返回类型可以不同，但是只有返回类型不同并
不足以重载，因为在调用构造器和方法的时候根据的是传入的参数列表，而不是调用结束
后返回的数据类型。

【例 3-8】 在 OverLoad 类中重载 show 方法。

```
public class OverLoad {
    void show(){
        System.out.println("输入为空");
    }

    void show(int i){
        System.out.println("输入为数字");
    }

    void show(String s){
        System.out.println("输入为字符");
    }

    void show(String s,int i){
        System.out.println("输入为数字和字符");
    }

    void show(int i,String s){
        System.out.println("输入为字符和数字");
    }

    public static void main(String[] args){
        OverLoad ol=new OverLoad();
        ol.show();
```

```
        ol.show(4);
        ol.show("test");
        ol.show(3,"test");
        ol.show("test",7);
    }
}
```

运行结果如图 3-3 所示。

图 3-3　例 3-8 的控制台输出结果

在例 3-8 中，有五个重载的 show 方法，传入的形参列表各有不同，有的是参数类型的区别，有的是数目的区别，也有的数目、类型相同，但参数顺序不同。

3.5　对　　象

Java 是面向对象程序设计语言，任何操作都是在对象的基础上进行的，只要编写 Java 程序，就必须创建对象，因此对象的创建、使用、引用和销毁是必须要了解的，本节将详细介绍对象从创建到销毁的生命周期。

3.5.1　对象的创建

对象是类的实例化，对象代表类的一个特例，抽象概念的类需要处理的问题都需要通过这样的特例来进行操作，因此创建对象十分重要。

本书在 3.3 节介绍了构造器，也就是构造函数，对象的创建就是通过调用构造函数来完成的。调用构造函数的关键字是 new，语法是：new 类名()。

【例 3-9】创建 Animal 对象，传入不同的参数，调用不同的构造方法，查看成员变量值。

```
public class Animal {
    String species;

    Animal(){
```

```
        this("dog");
    }

    Animal(String species){
        this.species=species;
    }

    public static void main(String[] args){
        Animal a1=new Animal("cat");
        System.out.println(a1.species);
        Animal a2=new Animal();
        System.out.println(a2.species);
    }
}
```
运行结果如图 3-4 所示。

图 3-4　例 3-9 的控制台输出结果

　　一个类中可以有多个构造函数，构造函数是重载的由来，在 new 创建类对象时，就会调用构造函数，调用哪个构造函数取决于"()"里传入的参数列表，构造函数和方法的区别是构造函数是没有返回值的。

3.5.2　访问对象的属性和行为

　　对象的属性和行为体现在类的成员变量和成员方法上，因此当实例化对象后，访问对象的属性和行为就是访问类的成员变量和调用成员方法，在 Java 中访问类成员的语法是

对象.成员变量 or 对象.成员方法()

【例 3-10】创建 AccessMem 对象，调用类成员变量和方法。
```
public class AccessMem {
```

```
    int x=20;

    void test(int x){
        this.x=x++;
    }

    public static void main(String[] args){
        AccessMem am1=new AccessMem();
        AccessMem am2=new AccessMem();
        System.out.println(am1.x);
        am1.test(11);
        System.out.println(am1.x);
        System.out.println(am2.x);
    }
}
```

在例 3-10 中，AccessMem 对象用 "." 调用了成员变量 x 和成员方法 test，运行该程序，运行结果如图 3-5 所示。

图 3-5　例 3-10 的控制台输出结果

AccessMem 类的成员变量 x 有初始值，因此 am1 对象调用 x 时得到的就是初始值，接着 am1 调用了 test 方法，test 方法改变了成员变量 x 的值，所以再调用 x 时得到是改变后的值，am2 对象这时调用成员变量 x 得到是初始值，因为在实例化对象时，对象是独立的两块内存空间，因此一个对象里的成员变量发生改变并不会影响另一个对象的成员变量，如果成员变量是静态成员变量，其结果相同，因为两个对象所指向的成员变量就是同一块内存空间，这点在介绍 static 关键字时将会详细介绍。

3.5.3　对象的引用

对象被创建以后，需要一个标识符来标识对象，在操作时使用标识符代表对对象的操作，声明对象和标识符之间的关系就是引用。例如：

```
Animal a=new Animal();
```

这行代码中"＝"右边是创建对象，左边是声明了一个 Animal 类的引用变量，它指向的是右边创建的这个对象。类似地人名，人是对象，名字是人的引用变量，提到名字，大家会知道它所对应的对象，但名字并不是人，名字可以更换，而人并不会随之改变。引用变量并不是对象，在内存中它存储的是对象的存储地址，而不是对象本身。

在声明引用的时候并不一定都要对应对象，如下面的代码：

```
Animal a;
```

这行代码只声明了对一个 Animal 对象的引用，并没有声明引用的具体对象。

3.5.4　对象的比较

对象的比较有两种方式："＝＝"和"equals()"，虽然都是判断是否相等，但两者差异巨大，因为它们判断相等的依据是不同的。

"＝＝"判断的是引用变量所指向的对象是否是同一个，也就是在内存中对象存储地址是否相同；"equals()"方法判断的是对象的内容是否相等，也就是在内存中可以是不同的对象，只要对象的值相等即可。

【例 3-11】创建 String 对象，比较引用变量。

```
public class {
    public static void main(String[] args){
        String a="test";
        String b=new String("test");
        String c=b;
        System.out.println("a==c 的结果:"+(a==c));
        System.out.println("a.equals(c)的结果:"+a.equals(c));
    }
}
```

运行结果如图 3-6 所示。

图 3-6　例 3-11 的控制台输出结果

在例 3-11 中，a 和 b 变量引用的是不同的对象，b 赋值给 c，实际上是将 b 中存储的对象的地址赋给了 c，b 和 c 指向的是同一个对象，因此 a 和 c 指向的是不同的对象，所以用"=="号判断为 false，但是 a 和 c 所指向的对象的值都是"test"，因此用"equals"方法判断为 true。

引用变量和对象间的关系如图 3-7 所示。

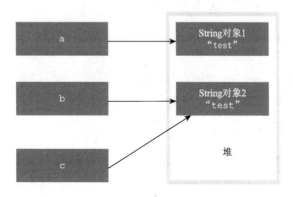

图 3-7　内存中的引用变量和对象

从图 3-7 中可知引用变量和对象在内存中的关系，引用变量存储的是指向对象的关系，不是对象，所以引用变量间的赋值，其实赋的是这种引用关系，一个对象可以被多个引用变量引用，当对象不再被引用时，它就会被垃圾回收器回收。

3.5.5　对象的销毁

对象在创建、使用完后，当不再被需要即需销毁，在 Java 中并不需要用户手动销毁对象，Java 有自己的一套垃圾回收机制，它会自动将不使用的对象销毁，回收内存。

在内存中，对象被存放在堆上，以下三种情况对象会被销毁。

1. 引用永久性地离开它的范围

```
{
Animal a=new Animal();
}
```
引用变量的作用范围在这个大括号里，一旦执行结束，引用变量失效，其引用的对象就会被销毁。

2. 引用被赋值到其他对象上

```
Animal a=new Animal();
a=new Animal();
```
当引用变量被赋了新的对象，原来的对象没有引用就会被销毁。

3. 直接将引用设定为 null

```
Animal a=new Animal();
a=null;
```

引用被设置为 null，这意味着它不再引用之前创建的对象，那么这个对象就会被销毁。

这三种情况可以总结为：第一种情况，当引用变量永久性地离开它的作用范围时，引用变量会被销毁，对象不再被引用；第二种情况，引用变量引用了其他的对象，原对象不再被引用；第三种情况，引用变量被赋值 null，不再引用对象，对象失去了它的引用。

[说明]Java 里的垃圾回收机制只会针对 new 创建的对象，而那些用其他方式获取内存的对象是没有办法被自动销毁的，Java 提供 finalize()方法，它是 Object 类中的方法，用户可以在自己的类中重写 finalize()方法，不过，Java 虚拟机并不能保证 finalize()方法会被执行，System.gc()可以强制启动垃圾回收器。但是并不鼓励用户使用 finalize()方法和 System.gc()进行垃圾回收。

3.6　static

static 关键字可以声明静态变量、静态方法和常量。当对象被实例化时，类中的成员在堆中会有自己的内存空间，如果一个方法与类中的成员无关，也就是说它不依赖成员变量的值和成员方法，因此也就不需要对象实例，这样的方法就可以定义为静态方法。

【例 3-12】在 StaticTest 类中创建静态方法并调用。

```
public class StaticTest {
    int a=4;

    static int sum(int x,int y){
        int sum=x+y;
        return sum;
    }

    public static void main(String[] args){
        System.out.println(StaticTest.sum(2,3));
    }
}
```

在例 3-12 中，sum()方法并没有使用 StaticTest 类中的成员变量，所以是否实例化对象对它来说没有影响，它执行的操作只与传入的参数有关，在这种情况下，就可以将它设置为静态方法。对于类来说，静态方法在内存所占的区域是固定的，所有类实例化的对象指向的静态方法都在同一个内存地址上,这样就不需要反复在实例化时为方法分配空间。

类中既可以有静态方法,又可以有非静态方法,但是静态方法中不可以调用非静态方法,这是因为非静态方法中是否对成员变量进行了操作未知,如果静态方法调用了非静态方法,这个非静态方法又操作了成员变量,那么对于静态方法来说,它不需要实例化对象就能被调用,也就是说它并没有对应的对象成员变量,无法进行操作,因此在静态方法中调用非静态方法是不被允许的,编译器会报错。

另外,静态方法是可以以"对象.静态方法"的形式调用的,但是这种方式并不被鼓励,因为它容易使人混淆静态方法和非静态方法。

static 也可以用于定义静态变量,其语法为:

[权限修饰符] static 变量类型 变量名;

从权限修饰符可知(权限修饰符规定的是访问类成员的权限),静态变量是对成员变量而言,局部变量和方法参数无法使用 static 关键字。与静态方法类似,静态变量在内存中的地址也是固定的,多个对象共享一个静态变量。

静态变量会在该类任何对象创建和静态方法执行之前初始化,如果没有给静态变量赋值,那么静态变量会自动被赋值所属数据类型的默认值。

【例 3-13】定义一个静态变量,重写构造方法,使在每次构造对象时都会操作该静态变量。

```
public class StaticTest {
    static int a=0;
    String name;

    StaticTest(String s){
        name=s;
        a++;
    }

    public static void main(String[] args){
        System.out.println(StaticTest.a);
        StaticTest st1=new StaticTest("apple");
        System.out.println(st1.name+" 静态变量值为 "+Static-
            Test.a);
        StaticTest st2=new StaticTest("pen");
        System.out.println(st2.name+" 静态变量值为 "+Static-
            Test.a);
    }
}
```

运行结果如图 3-8 所示。

图 3-8　例 3-13 的控制台输出结果

从图 3-8 可知，在第二次调用构造函数创建对象时，操作的静态变量值是第一次调用构造函数后得到的静态变量值。这两个对象在内存的空间占用可以用图 3-9 来表示。

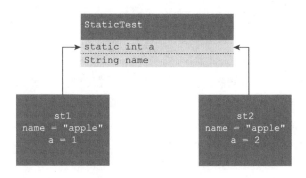

图 3-9　对象和静态变量在内存中的空间占用

static 声明的 final 变量是常量，final 变量一旦初始化就无法再赋值，当多个对象需要使用到定值的变量时，可使用 static final 来声明常数变量，如圆周率 PI，它的值是定值且多个数学公式都需要使用到它，这时就可以将它声明为常数变量。

3.7　内　部　类

内部类顾名思义就是在类中定义的类，在 Java 中有四种内部类：静态内部类、成员内部类、局部内部类和匿名内部类。

静态内部类是指定义在类中的静态类。例如：

```java
public class InnerClassTest {
    static class staticClass {
    }
}
```

静态内部类没有指向外部类的引用，不能访问外部类的非静态成员，不依赖外部类的实例，可以访问外部类的静态变量和静态方法，静态内部类中可以有静态变量、静态方法和静态内部类。

成员内部类是指定义在类中的非静态内部类,它可以访问外部类的成员变量和方法,但是非静态内部类中不能有静态变量、静态方法和静态内部类。例如:

```
public class InnerClassTest {
    class memClass {
    }
}
```

局部内部类是指定义在局部范围内的类,如方法、函数或者程序块内。当超出作用范围时,局部内部类就会失效,但是在范围内和其他的内部类没有什么区别。例如:

```
public class InnerClassTest {
    void test(){
        class LocalInnerClass {
        }
    }
}
```

匿名内部类是指没有类名的内部类,当只需要创建一个类的对象并且不需要类名的时候就可以使用匿名内部类,从而使代码更为简洁。例如:

```
public class AnonInnerClassTest {
    AnonInnerClassTest Test(){
        return new AnonInnerClassTest(){
        };
    }
}
```

Java 中的内部类可以多层嵌套,不过非静态内部类中无法嵌套静态内部类。内部类能够隐藏一些不想让外界知道的操作,这也体现了 Java 的封装性。一个内部类的对象可以访问创建它的外部类对象的内容,包括私有变量,因此内部类可以轻松实现外部类所需要的一些功能。

3.8　包

包也叫类包,当只有一个类的时候,可以随意命名类名,但是当程序越来越大,类越来越多时,命名类的时候很容易出现名称冲突的问题,包可以帮助用户区分和管理类。

在前面的例子中,如 Animal 类,类名是 Animal,但是实际上,Animal 并不是类的全名,包名加上类名才是类的全名,在同一个包中,类名不能够重复,但是在不同的包中,类名可以重复。如果是在本包中调用本包中的类,则无须指定类的全名。

在 Java 中定义包名的语句是

package 包名;

定义包名的语句必须是类中的非注释语句中的第一行语句,包名的命名规则是必须全部为小写字母。

包是为了解决类的名称冲突问题,随着包越来越多,为避免包名也重复,建议将包名设置成域的反向形式,因为在 Internet 中域名是唯一的,所以它的反向域名也应该是独一无二的,这样就能有效避免包名的重复,如用户的域名为 litstar.com,包名就可以为 com.litstar。

如果需要在类中调用其他包中的类,可以使用 import 关键字,语法为:

import 包名.类名; or import 包名.*;

前者是导入该包中的某个类,后者是导入该包中的所有类。需要注意的是,如果调用的类在导入的类中没有重名的,则可以直接使用类名调用,但是如果在导入的多个包中有重名的类,在调用该类的时候则需要使用类的全名来调用。

下面介绍在 Eclipse 中创建包的步骤。

(1)"File"目录下单击"New",新建一个 Package,或者单击图标 直接新建 Package (图 3-10)。

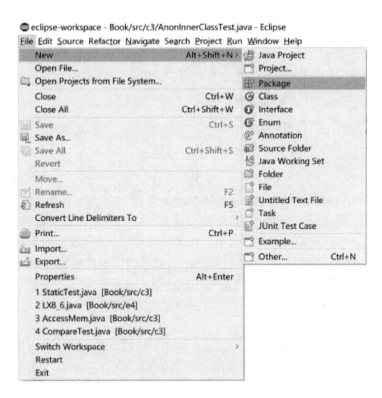

图 3-10 在 Eclipse 中新建"Package"图

(2)在创建窗口里为包命名,单击"Browse"可以选择创建包的路径,单击"Finish"完成包的创建(图 3-11)。

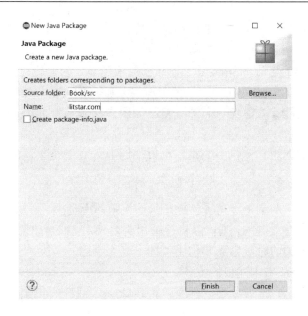

图 3-11　在 Eclipse 中编辑"包名"图

（3）在创建好的包中新建 class，可以右键单击包，选择"New"→"class"，或者单击一下包，再单击图标 ⊙·快速创建类，如果直接在"File"下选择"New"→"class"，或者直接单击图标 ⊙，创建的类的路径不确定，可以在创建窗口里自行选择。如果没有给类指定包路径，类会被归为缺省包。

3.9　小　　结

本章介绍了面向对象中的对象和类的基本概念及面向对象程序设计语言的封装、继承和多态三大特性，详细介绍了类的定义、成员方法、成员变量、局部变量和 this 关键字，还介绍了构造器，如何用构造器创建对象，如何引用对象，访问创建出的对象的成员变量和方法，对象间的两种比较方式"=="和"equals()"的区别及对象的生命期。

static 是静态关键字，它可以定义静态方法、静态变量和常量，静态方法必须不依赖任何非静态类成员，静态成员在第一个类对象被创建之前就被创建了，并且会被多个类实例所共享。

内部类有四种类型：静态内部类、成员内部类、局部内部类和匿名内部类，静态内部类不能够访问外部类的任意非静态成员，其他的内部类可以，但类中不能出现静态成员和静态内部类，局部内部类在局部作用范围内和其他内部类没什么区别，超出范围则会失效，匿名内部类可用于创建一个不需要知道名字的类对象。

最后介绍了包，包用于解决类名的重复问题，包名和类名在一起是类的全名，Java 中用 package 来声明类所属包名，用 import 来导入包和包中的类，为了避免包名的重复，Sun 公司建议使用域名的倒置形式来命名包。

3.10　习　　题

1. 在 Java 中类和对象的区别。
2. 请解释面向对象程序设计语言的三大特性。
3. 请解释构造器和方法重载间的联系。
4. 请简单叙述一下 static 关键字的用法。

第4章 继承与多态

4.1 继承机制

Java 中的继承机制使子类不需要写重复的代码，并且子类可以根据自身特性重写所继承的行为，也可以加入新的属性和行为，本节将从继承实例入手，详细介绍继承的定义、实现和结果，了解 Java 中的继承机制。

4.1.1 继承实例

在 3.1.4 节讲面向对象程序设计语言的三大特性之一的继承性时，绘制了一个水果类的继承关系树状结构图，当时只是简要地说明了类属性和行为的继承，现在不妨试着让这个例子更加贴近生活。

开发水果类榴莲和苹果，榴莲有属性类别、大小和产地，方法有描述和包装，描述为产地加上类别，包装由大小决定，定义榴莲类的代码如下。

【例 4-1】创建榴莲类，要求有返回榴莲描述信息（产地和类别）与输出包装盒所需大小的方法，并在 main 方法中测试。

```java
public class Durian {
    static String type="榴莲";
    private int[] size=new int[3];
    private String location;

    public int[] getSize(){
        return size;
    }

    public void setSize(int longth,int width,int height){
        size[0]=longth;
        size[1]=width;
        size[2]=height;
    }

    public String getLocation(){
```

```
        return location;
    }

    public void setLocation(String location){
        this.location=location;
    }

    Durian(int longth,int width,int height){
        setSize(longth,width,height);
    }

    Durian(String location){
        setLocation(location);
    }

    Durian(){
    }

    String description(){
        return location+type;
    }

    void packagesize(){
        System.out.println("需要一个 "+size[0]+"*"+size[1]+"*"
            +size[2]+"的盒子");
    }

    public static void main(String[] args){
        Durian d=new Durian(3,3,4);
        d.setLocation("泰国");
        System.out.println(d.description());
        d.packagesize();
    }
}
```
运行结果如图 4-1 所示。

图 4-1　例 4-1 的控制台输出结果

　　开发苹果类，苹果有属性类别、大小和产地，方法有描述和包装，描述为产地加上类别，包装由大小决定，定义苹果类的代码如下。

　　【例 4-2】创建苹果类，要求有返回苹果描述信息（产地和类别）与输出包装盒所需大小的方法，并在 main 方法中测试。

```java
public class Apple {
    static String type="苹果";
    private int[] size=new int[3];
    private String location;

    public int[] getSize(){
        return size;
    }

    public void setSize(int longth,int width,int height){
        size[0]=longth;
        size[1]=width;
        size[2]=height;
    }

    public String getLocation(){
        return location;
    }

    public void setLocation(String location){
        this.location=location;
    }

    Apple(int longth,int width,int height){
        setSize(longth,width,height);
```

```
    }

    Apple(String location){
        setLocation(location);
    }

    Apple(){
    }

    String description(){
        return location+type;
    }

    void packagesize(){
        System.out.println("需要一个"+size[0]+"*"+size[1]+"*"
            +size[2]+"的盒子");
    }

    public static void main(String[] args){
        Apple a=new Apple(1,1,1);
        a.setLocation("烟台");
        System.out.println(a.description());
        a.packagesize();
    }
}
```

运行该程序，结果如图 4-2 所示。

图 4-2　例 4-2 的控制台输出结果

可以看到，Durian（榴莲）类和 Apple（苹果）类之间存在大量重复的代码，以此类推，每创建一个水果类，就需要再写一次这些重复的代码，这会浪费大量的时间，并且如果突然需要向水果类中添加一个新的属性性质，那么在每个水果类中都需要逐个添加，可维护性很差，因此，这时就需要用到继承，继承抽出子类中具有相同属性和行为的部分，让它成为父类，子类再继承父类，这样就不需要再写大量重复的代码，代码可维护性也会大幅提高。

4.1.2　继承的定义

继承是类与类之间的一种关系，并且特指是从一般到特殊的关系，类比于现实世界，继承是子女从父母处继承事物，在 Java 里，继承是子类从父类中继承父类的属性和行为。继承描述的是子类和父类的关系，被继承的类是父类，继承的类是子类。

在例 4-1 和例 4-2 中，两个子类之间拥有大量重复的代码，这种重复并不是一种偶然，如果有新的水果类的建立，也要写那些重复的代码，因为这是水果类通用的属性和行为，因此，将这些重复的代码抽取出来建立父类就很有必要，父类是一般的属性和行为，子类继承父类，并且子类有自己特殊的属性和行为，这就是从一般到特殊的过程。

类与类之间的继承，遵循的是单继承机制，一个子类只能有一个父类，一个父类可以有多个子类。类与接口之间的继承，遵循的是多继承机制，一个类可以继承多个接口，本节只讨论类与类之间的继承关系，类与接口的继承关系在 4.8、4.9 节介绍。

4.1.3　继承的实现

要实现继承，首先要确定完成继承的子类和父类，还是以水果类为例，需要先创建一个水果类父类，将榴莲类和苹果类中重复的代码放到水果类里，再在子类里继承父类。

【例 4-3】创建榴莲类和苹果类的父类水果类。

```java
public class Fruit {
    static String type;
    private int[] size=new int[3];
    private String location;

    public int[] getSize(){
        return size;
    }

    public void setSize(int length,int width,int height){
        size[0]=length;
        size[1]=width;
        size[2]=height;
    }

    public String getLocation(){
```

```
        return location;
    }

    public void setLocation(String location){
        this.location=location;
    }

    Fruit(int length,int width,int height){
        setSize(length,width,height);
    }

    Fruit(String location){
        setLocation(location);
    }

    Fruit(){
    }

    String description(){
        return location+type;
    }

    void packagesize(){
        System.out.println("需要一个"+size[0]+"*"+size[1]+"*"
          +size[2]+"的盒子");
    }
}
```

在 Fruit（水果）类里，有三个构造函数、四个获取赋值成员变量的方法和两个一般方法，这与 Durian 类和 Apple 类里重复的代码是一致的，唯一的区别是 Fruit 里改变了静态变量 type 的初始化，因为 Fruit 里是不知道水果类别的，所以这里只声明不赋值。

接着 Durian 类和 Apple 类继承 Fruit 类，继承的关键字是 extends，语法如下：

```
class subclass extends father{}    //subclass 是子类名,father 是
                                         父类名
```

【例 4-4】Durian 类继承 Fruit 类，并完成和例 4-1 一样的功能测试。

```
public class Durian extends Fruit {

    Durian(int length,int width,int height){
        super(length,width,height);
```

```
        type="榴莲";
    }

    Durian(String location){
        super(location);
        type="榴莲";
    }

    Durian(){
        type="榴莲";
    }

    public static void main(String[] args){
        Durian d=new Durian(3,3,4);
        d.setLocation("泰国");
        System.out.println(d.description());
        d.packagesize();
    }
}
```

【例 4-5】Apple 类继承 Fruit 类，并完成和例 4-2 一样的功能测试。

```
public class Apple extends Fruit {

    Apple(int longth,int width,int height){
        super(longth,width,height);
        type="苹果";
    }

    Apple(String location){
        super(location);
        type="苹果";
    }

    Apple(){
        type="苹果";
    }

    public static void main(String[] args){
        Apple a=new Apple(1,1,1);
```

```
        a.setLocation("烟台");
        System.out.println(a.description());
        a.packagesize();
    }
}
```

通过继承 Fruit 父类，Durian 类和 Apple 类的代码大幅减少，两个一般方法和四个获取赋值成员变量的方法通过继承父类的即可，三个构造函数中的两个则需要使用 super 关键字调用父类的有参构造函数，4.2 节将会详细介绍 super 关键字的用法。

另外，在构造方法里添加 type 的赋值语句是因为子类调用父类的构造函数，那么构造的对象的成员变量是父类的成员变量,而 Fruit 类中的 type 因为不确定值是没有赋值的,所以必须在子类构造方法中为其赋值，如果在子类中重新创建一个同名的 type 成员变量并为其赋值，会发现新创建的对象里的 type 值仍然是 null。

4.1.4　继承的结果

现在两个子类都已经继承了父类 Fruit，接下来可以通过 main 测试一下结果。

例 4-4 的运行结果如图 4-3 所示。

图 4-3　例 4-4 的控制台输出结果

例 4-5 的运行结果如图 4-4 所示。

图 4-4　例 4-5 的控制台输出结果

可以看到,例 4-4 和例 4-5 与例 4-1 和例 4-2 的运行结果是一致的,通过继承父类 Fruit,两个子类简化了代码，得到了相同的结果。

　　子类继承父类，即继承了父类的属性和行为，当然父类的权限必须要高于 private（私有权限）才能被子类继承，父类中 private 的成员也无法被子类所继承，子类可以继承父类的成员变量和方法，但是只能重写非静态方法，无法改变成员变量和重写静态方法，在子类中，父类的成员变量和静态方法会被继承但会隐藏。

　　继承使子类减少了重复编写代码的过程，而且在代码需要修改和维护的时候，只需要修改父类中的代码就能改变子类的功能，提高了代码的可维护性，不过，继承使代码的耦合性变高，代码的依赖性增强。

4.2　super

　　在讲继承实例的时候已经用到了 super 关键字，在构造函数里用到 super，它代表的是调用父类的构造函数，虽然子类能够从父类那里继承到属性和行为，但是并不能继承构造函数。如果类没有定义自己的构造函数，编译器会默认一个无参的构造函数，构造函数内容为空，但是若类自定义了构造函数，则编译器不会再为类默认一个无参构造函数。如果子类的构造函数不仅自定义，而且需要调用父类的构造函数，这时就需要用到 super 关键字了，调用 super 的语法如下：

```
super(参数列表);
```

　　参数列表将决定着调用哪一个父类的构造函数，如果为空，则调用无参的构造函数，如果不为空，则调用对应参数列表的父类构造函数。需要注意的是，对于所有的子类构造函数，默认的第一行都是 super();，这行代码是编译器默认的用来隐式地调用父类无参构造函数的，所以如果用户没有显式地写上自己所调用的父类构造函数，子类构造函数都会默认调用父类无参构造函数。

　　因此，如果需要调用有参的父类构造函数，可以在子类构造函数中用 super（参数列表）的形式显式地表达出来，这样在子类构造函数中编译器不会再默认调用无参的父类构造函数。

　　【例 4-6】子类通过 super 关键字显式和隐式地调用父类构造函数。

```java
class ConsEx {
    ConsEx(){
        System.out.println("调用父类无参构造函数");
    }

    ConsEx(String s){
        System.out.println("调用参数列表为(String s)形式的父类构造
            函数");
    }

    ConsEx(String s1,String s2){
```

```
        System.out.println("调用参数列表为(String s1,String s2)形
            式的父类构造函数");
        }
    }

class SubConsEx extends ConsEx {
    SubConsEx(){
        System.out.println("调用子类无参构造函数");
    }

    SubConsEx(String s){
        System.out.println("调用参数列表为(String s)形式的子类构造
            函数");
    }

    SubConsEx(String s1,String s2){
        super(s1);
        System.out.println("调用参数列表为(String s1,String s2)形
            式的子类构造函数");
    }
}

public class SuperTest {
    public static void main(String[] args){
        SubConsEx sce1=new SubConsEx();
        SubConsEx sce2=new SubConsEx("s");
        SubConsEx sce3=new SubConsEx("s","s");
    }

}
```

在例 4-6 中，子类构造函数中有两个没有写 super 关键字，编译器会默认调用 super();，第三个子类构造函数显式地调用了父类的有参构造函数，运行这段程序，结果如图 4-5 所示。

如果删除父类的无参构造函数，子类的前两个构造函数就会报错，因为父类有其他的构造函数，编译器不会给它默认无参构造函数，父类没有无参的构造函数。虽然没有写，但子类的两个构造函数（一个无参，一个有参）隐式地调用 super();这个父类无参构造函数，而父类没有这个构造函数，编译器就会报错。

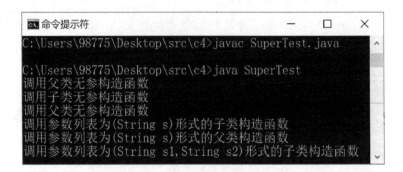

图 4-5 例 4-6 的控制台输出结果

super 关键字的第二个使用方式是调用父类的成员，super 是指向父类对象的引用，因此子类可以用 super 调用父类的成员变量和成员方法，语法如下：

super.变量; or super.方法();

【例 4-7】创建一个父类和子类，子类方法中调用到父类的方法和变量，在其他类中测试结果。

```
class Father {
    String name;

    void test(){
        System.out.println("调用父类的 test 方法");
    }
}

class Son extends Father {
    String name;

    Son(String s1,String s2){
        super.name=s1;
        this.name=s2;
    }

    void test(){
        super.test();
        System.out.println("调用子类的 test 方法");
        System.out.println("父类的名字为:"+super.name);
        System.out.println("子类的名字为:"+this.name);
    }
}
```

```
public class SuperTest2 {
    public static void main(String[] args){
        Son s=new Son("Tom","Cam");
        s.test();
    }
}
```

运行这段程序，结果显示如图 4-6 所示。

图 4-6　例 4-7 的控制台输出结果

在子类方法 test 中调用了父类的 test 方法，并新增了方法内容，也就是子类方法对父类方法进行了部分覆盖，在子类的构造函数中，使用 super.name 的方式将值传给父类的 name 变量，使用 this.name 的方式将值传给子类的 name 变量。

super 可以在子类的构造函数中作为调用父类构造函数的关键字，并且编译器对每一个子类的构造函数都会默认调用父类的无参构造函数，也就是 "super();"，除非子类构造函数中使用带参数列表的 super 自定义调用父类的有参构造函数，super 可以作为子类对父类对象的引用，在子类中调用父类的方法和成员变量。

4.3　instanceof

instanceof 是一个二元操作符，是 Java 中的保留关键字，它分为两类：一是判断对象是否属于某个类；二是判断一个类是否实现了某个接口。instanceof 的左边是对象，右边是类或者接口，对应两种用法，关于接口的内容会在 4.8 节做详细介绍，本节先讨论第一种用法。

在 Java 中存在两种对象类型的转换：向上转型和向下转型。一般习惯上把父类作为顶项，子类在父类之下，因此按照这个顺序，向上转型就是子类对象要转换成父类对象，向下转型就是父类对象要转换成子类对象。继承是父类和子类之间从一般到特殊的转变，按照这个思路，向上转型是从特殊到一般，满足特殊要求的肯定满足一般要求。向下转型则是从一般到特殊，满足特殊要求，因此向下转型并不总是成功，而且编译器需要被告知被转换的父类对象是满足要求的子类对象，这就需要用到强制类型转换，其语法如下：

```
son=(Son)father      //son 是子类对象的引用,()中是强制转换的子类类型,
                       father 是父类对象
```
　　强制类型转换的前提是这个父类的对象是子类的对象,即使不是,也可以用强制类型转换的代码,而编译器在程序运行之前都无法判断是否满足这个前提,这就意味着程序在运行过程中存在错误的风险,因此就需要 instanceof 来判断父类的对象是否属于子类,它的返回类型是布尔类型,如果为存在,则左边的父类对象属于子类,如果为空,则左边的父类对象不属于子类,也就不能进行强制类型转换,其语法如下:
```
father instanceof Son     //father 为父类对象,Son 为子类
```
　　【例 4-8】创建一个父类和一个子类,分别进行向上转型和向下转型,并使用 instanceof 判断父类对象是否属于子类。

```java
class FatherTest {

}

class SonTest extends FatherTest {

}

public class InsTest {
    public static void main(String[] args){
        FatherTest father=new SonTest();     //向上转型
        System.out.println(father instanceof SonTest);
        if(father instanceof SonTest){
            SonTest son=(SonTest)father;     //向下转型
            System.out.println("father 是 SonTest 对象");
        }
    }
}
```
运行该程序,返回结果如图 4-7 所示。

图 4-7　例 4-8 的控制台输出结果

在例 4-8 中，先将子类的对象赋值给了父类对象的引用，这就是一种向上转型，接着在进行向下转型之前使用 instanceof 来判断父类对象是否是子类实例，如果是则进行向下转型，这样就确保了强制类型转换的对象是真实的子类实例。实际上，除非很明确地知道父类的对象是子类的实例，否则在进行向下转型之前，必须使用 instanceof 判断能否转换，而且向下转型的前提一般是之前进行过向上转型。

4.4 成 员 覆 盖

在继承关系中，子类继承父类的属性和行为，即成员变量和成员方法。子类能够覆盖父类的非静态方法，而父类的静态方法和成员变量在子类中会被隐藏。

4.4.1 属性隐藏

在 Java 中存在重载、重写（又称覆盖）和隐藏。隐藏和覆盖在形式上极其相似，但是两者有本质的区别。

子类会继承父类所有可访问的成员变量和方法，但是并不能够覆盖父类的变量和静态方法，在子类中，它们只能被隐藏。子类中可以有和父类同名的变量，当创建子类对象时，调用的是子类的变量，但是当把子类对象转换为父类对象时，调用的是父类的变量，并没有覆盖。

【例 4-9】创建一个父类和子类，其中有同名的成员变量和成员方法，子类对象调用变量和方法，将子类对象转换为父类对象后再进行调用，测试结果。

```
class HTFather {
    String s="父类变量";

    void test(){
        System.out.println("父类方法");
    }
}

class HTSon extends HTFather {
    String s="子类变量";

    void test(){
        System.out.println("子类方法");
    }
}
```

```java
public class HideTest {
    public static void main(String[] args){
        HTSon hs=new HTSon();
        hs.test();        //调用子类覆盖后的方法
        System.out.println(hs.s);     //调用子类的变量

        HTFather hf=hs;      //子类对象转换为父类对象
        hf.test();       //调用子类覆盖后的方法
        System.out.println(hf.s);      //调用父类被隐藏的变量
    }
}
```

运行该程序，结果如图 4-8 所示。

图 4-8　例 4-9 的控制台输出结果

在例 4-9 中，子类中有与父类同名的变量和方法，创建的子类对象调用的是子类覆盖后的方法和子类里的变量，把子类对象转换为父类对象后，再调用的方法还是子类覆盖后的方法，但是变量就是父类里的变量了，也就是说父类的变量是没有被覆盖的，在之前访问子类的同名变量时，它被隐藏了，这就是属性的隐藏。

需要注意的是，父类的同名成员变量即类变量（static 类型的全局变量）和实例变量都会被隐藏，只要同名即可，以下三种情况都不会影响隐藏。

（1）变量前面的权限修饰符（前提是要能被子类访问的权限）不同。

（2）变量类型不同。

（3）是否是 static 变量。

除了属性以外，父类的静态方法也会被隐藏，静态方法隐藏的形式和方法重写是一样的，要求方法签名和返回类型相同，当子类对象转换为父类对象时，其调用的不再是被子类覆盖后的静态方法，而是父类的静态方法。

4.4.2　方法重写

重写又称覆盖，是指在子类中如果有和父类同名的非静态方法，父类的方法会被覆盖，子类对象在调用该方法时调用的是被重写过后的方法。

同名方法的判断和变量不同，不仅仅是方法名相同，"返回类型+方法签名"都相同。方法签名包括方法名和参数列表。返回类型的相同分两种情况：一是如果返回类型为基本数据类型（boolean 型、char 型、byte 型、short 型、int 型、long 型、float 型、double 型）和 void 时，重写方法的返回类型必须和被重写方法的返回类型严格相同；二是如果返回类型为引用类型，即 String、数组和类类型时，重写方法的返回类型要么和被重写方法的返回类型相同，要么是其子类。重写的基础是父类方法可以被访问，不是 private 方法。另外，重写方法可以改变父类方法的权限，要求是必须不小于父类方法的权限。

【例 4-10】 在例 4-9 的基础上扩展方法重写和静态方法隐藏，改变变量类型，测试结果。

```
class HTFather {
    static String s="父类变量";
    int a=8;

    void test(){
        System.out.println("父类方法");
    }

    static void staticTest(){
        System.out.println("父类静态方法");
    }
}

class HTSon extends HTFather {
    public String s="子类变量";
    double a=0.4;

    protected void test(){
        System.out.println("子类方法");
    }

    static void staticTest(){
        System.out.println("子类静态方法");
    }
}

public class HideTest {
    public static void main(String[] args){
```

```
        HTSon hs=new HTSon();
        hs.test();      //调用子类覆盖后的方法
        hs.staticTest();      //调用子类静态方法
        System.out.println(hs.s);      //调用子类的变量
        System.out.println(hs.a);

        HTFather hf=hs;      //子类对象转换为父类对象
        hf.test();      //调用子类覆盖后的方法
        hf.staticTest();      //调用隐藏的父类静态方法
        System.out.println(hf.s);      //调用父类被隐藏的变量
        System.out.println(hf.a);
    }
}
```

运行该程序，结果如图 4-9 所示。

图 4-9　例 4-10 的控制台输出结果

在例 4-10 中，父类的属性和静态方法被隐藏，属性 s 的权限修饰符和 static 不同，属性 a 的类型不同，这并不影响隐藏，只需要同名就可以隐藏。父类的非静态方法被重写，子类修改了方法的权限。在子类对象被转换成父类对象后，调用的是子类被覆盖后的方法、父类被隐藏的非静态方法和父类被隐藏的变量。

4.5　final

final 是 Java 中的保留字，final 可以修饰变量、方法和类，final 修饰的变量，一旦被赋值，值不能再更改。

4.5.1　final 变量

final 修饰变量，被修饰的变量既可以是基本数据类型也可以是引用类型，如果是基本数据类型（boolean 型、char 型、byte 型、short 型、int 型、long 型、float 型、double 型），final 修饰意味着该变量为常量，如果是引用类型，final 修饰意味着该变量指向的引用无法再被更改为指向另一个引用。

　　final 修饰的常量在 Java 中一般是全大写字母，中间可以用下划线连接，final 修饰的引用类型变量不需要如此。虽然 final 修饰的变量的引用无法再被更改，但是引用所指向的对象的值是可以更改的。

　　【例 4-11】创建 FinalTest 类，类中包含 final 常量、final 修饰的数组和引用对象，并在主方法中测试常量、数组值和对象的成员变量是否能被更改。

```java
class Test1 {
    int i=2;

    void setI(int i){
        this.i=i;
    }

    int getI(){
        return i;
    }
}

public class FinalTest {
    final int A=4;
    final String[] s={"a","b","c"};
    final Test1 t=new Test1();

    public static void main(String[] args){
        FinalTest ft=new FinalTest();
        //ft.A=7;
        ft.s[0]="d";
        //ft.t=new Test1();
        ft.t.setI(4);

        System.out.println(ft.s[0]);
        System.out.println(ft.t.getI());
    }
}
```

运行该程序，结果显示如图 4-10 所示。

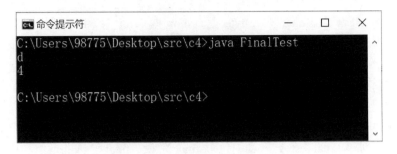

图 4-10　例 4-11 的控制台输出结果

　　在该实例中，final 修饰的 int 型变量的值无法被更改，但是 final 修饰的数组的值是可以被修改的，这里将数组的第一个值由 a 修改为 d，这是因为数组其实也是引用型变量，因此指向数组的引用无法被更改，但是数组的值是可以修改的。final 修饰类类型的变量，变量无法再被赋值一个新的类对象，但是对象的成员变量的值可以被修改。

　　final 修饰的变量可以出现在以下几个地方。

（1）成员变量（不一定需要赋值）。

（2）构造函数。

（3）方法参数。

（4）局部变量。

　　这四处地方的变量并不是严格区分的，如构造函数里也会涉及成员变量、方法参数和局部变量，方法参数也是某种局部变量，这里讨论的是它们明显的特征。

　　final 修饰成员变量在声明时不一定需要赋值，可以通过构造函数赋值，构造函数赋值也分为两种，一种是构造函数里直接赋值给 final 成员变量，另一种是方法参数传值进去，赋值给 final 成员变量。final 修饰的方法参数在方法内值无法修改，final 修饰的局部变量在程序块内值无法修改。final 局部变量声明时不一定需要赋值，可以先声明再赋值。

　　【例 4-12】创建 FinalTest2 类，在类中声明 final 成员变量、final 方法参数、final 局部变量，并在主方法中测试通过构造函数赋值给 final 成员变量及调用方法。

```
public class FinalTest2 {
    final int NUM_1;
    final int NUM_2=2;

    // 构造函数里直接赋值
    public FinalTest2(){
        NUM_1=7;
    }

    // 构造函数传入参数赋值
    public FinalTest2(int i){
```

```
            NUM_1=i;
        }


        // final 修饰方法参数
        void test(final int NUM_3){
            // NUM_3++;
            System.out.println("NUM_3:"+NUM_3);
        }


        // final 局部变量
        void test2(int x){
            // 直接赋值
            final int NUM_4=8;
            // NUM_4++;
            // 通过参数赋值
            final int NUM_5;
            NUM_5=x;
            System.out.println("NUM_4:"+NUM_4);
            System.out.println("NUM_5:"+NUM_5);
        }

        public static void main(String[] args){
            FinalTest2 ft=new FinalTest2();
            System.out.println("NUM_1:"+ft.NUM_1+"  NUM_2:"+ft.
              NUM_2);
            FinalTest2 ft2=new FinalTest2(3);
            System.out.println("NUM_1:"+ft2.NUM_1+" NUM_2:"+ft2.
              NUM_2);
            ft.test(10);
            ft.test2(9);
        }
    }
```

运行该程序，结果显示如图 4-11 所示。

在该实例中，final 成员变量 NUM_2 的值可以通过无参构造函数直接赋值，也可以通过构造函数传入参数赋值。final 方法参数 NUM_3 在方法内值无法更改，final 局部变量 NUM_5 在方法内先声明再赋值。

final 变量虽然被赋值后再无法更改，但 final 变量并不能称为严格意义上的常量，因为 final 变量实际上还是对象的变量，也就是说类创建的对象不同，对应的 final 变量是可

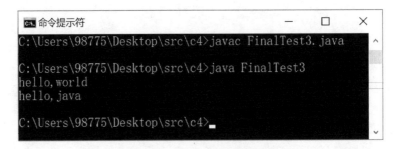

图 4-11　例 4-12 的控制台输出结果

以不同的。如果要定义对于类来说的常量，可以使用 static 变量，static 实际上是类变量，所以使用 static final 就可以定义真正意义上的常量，而不会受创建的对象的影响。

【例 4-13】创建 FinalTest3 类，在类中定义 static final 变量和 final 变量，在主方法中创建不同的对象，测试两者的区别。

```java
public class FinalTest3 {
    static final String STR_1="hello";
    final String STR_2;

    FinalTest3(String s){
        STR_2=s;
    }

    public static void main(String[] args){
        FinalTest3 ft=new FinalTest3("world");
        System.out.println(ft.STR_1+","+ft.STR_2);
        FinalTest3 ft2=new FinalTest3("java");
        System.out.println(ft2.STR_1+","+ft2.STR_2);
    }
}
```

运行该程序，结果如图 4-12 所示。

图 4-12　例 4-13 的控制台输出结果

static final 能够定义真正意义上的常量,和 final 变量不同的是它必须在声明时就赋值。在本实例中, static final 常量 STR_1 是固定不变的 "hello", final 变量 STR_2 可以通过构造函数赋值,创建的对象不同, final 变量可以不同,但 static final 常量是定值。

4.5.2　final 方法

final 修饰的方法无法被子类继承和覆盖,但是 final 方法实现的效率要高于非 final 方法。另外,父类中 private 的方法是无法被子类访问的,也就意味着子类无法继承也无法修改它,因此 private 方法其实也是隐式的 final 方法。

在介绍方法重写时,子类中重写方法的规则是方法签名和返回类型的一致,方法权限不小于父类权限。下面举例说明。

【例 4-14】创建 FinalMethod 类,创建类 FT 和子类 ST,父类中有 private final 修饰的类和 final 修饰的类,在子类中尝试覆盖父类方法,在主方法中测试覆盖结果。

```
class FT {
    private final void test(){
        System.out.println("父类方法 test()");
    }

    final void test2(){
        System.out.println("父类方法 test2()");
    }
}

class ST extends FT {
    final void test(){
        System.out.println("子类方法 test()");
    }
    /*
    * final void test2(){System.out.println("子类方法 test2()");}
    */
}

public class FinalMethod {
    public static void main(String[] args){
        ST s=new ST();
        s.test();
        FT f=s;
        //f.test();
```

```
        f.test2();
    }
}
```

运行该程序，结果如图 4-13 所示。

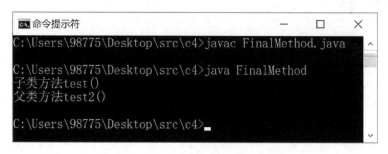

图 4-13　例 4-14 的控制台输出结果

在例 4-14 中，父类中的 final 方法无法被覆盖，如果尝试在子类中重写 test2()方法，编译器会报错。但是父类中的 private final 方法 test()在子类中可以有同名的方法，在主方法中创建子类对象，调用 test 方法是子类的 test()方法，然后将子类对象向上转型，再调用 test()方法时报错，说明尝试调用的是父类的 test()方法，因为父类的 test()方法是无法访问的，所以编译器会报错。因此，由这个例子可以看出 final 和 private 的区别，private 修饰的方法虽然是隐式的 final 方法，但是它修饰的方法子类不仅无法覆盖，而且不能访问，这样子类不知道父类有该方法，子类里可以有与该方法同名的方法，但其与父类中的方法并无关系，也不是覆盖。

4.5.3　final 类

final 类无法被继承，因此类中的所有方法都无法被覆盖，可以认为是 final 方法，但是类的成员变量并不是 final 变量，它与非 final 类的成员变量的调用是一致的。

【例 4-15】创建 FinalClass 类，并创建 final 类 TestC，在 final 类中创建方法和成员变量，在主方法中尝试调用 final 类的成员。

```
final class TestC {
    int i=6;
    final int j=3;

    void test(){
        System.out.println("子类 test 方法");
    }
}
```

```
//class TestB extends TestC{}
public class FinalClass {
    public static void main(String[] args){
        TestC t=new TestC();
        t.test();
        System.out.println(t.i++);
        System.out.println(t.j);
        //System.out.println(t.j++);
    }
}
```

运行该程序，结果如图 4-14 所示。

图 4-14　例 4-15 的控制台输出结果

在例 4-15 中，final 类无法被其他类继承，方法无法覆盖，但是 final 类的成员变量不是 final 变量，整型变量 i 可以进行自增的操作，如果需要 final 变量，需要自行设置，如 final int j，j 无法进行自增操作，因为它已经被设置为 final 变量。

4.6　多　态　性

多态性是面向程序设计语言的三大特性之一，多态能够使一个对象可以有多个状态，并且能够进行通用化处理，提高了程序的扩展性和可维护性。多态有类型多态和方法多态两种形式。

4.6.1　多态概述

多态是指在程序运行前不知道引用所指向的实例是哪个类的对象，不知道引用所调用的方法是哪个对象的方法，这样，通过引用就可以实现调用不同的类的方法，而不需要修改程序代码。

在 Java 中，多态描述的是一种代码特性，有很多地方都体现了多态的特征，它们可以归类为类型多态和方法多态。

4.6.2　类型多态

当引用变量类型和对象类型一致时，引用变量调用的方法也就是创建的对象的方法。但是当引用变量类型和对象类型不一致时，事情就变得复杂了，实际上引用变量类型可以和对象类型不同，但必须是对象类型的父类，这就是类型多态。

类型多态使子类对象可以通过父类的引用来使用通用的功能，而不需要修改具体的程序代码。其形式如下：

```
Father f=new Son();     //Father 为父类,Son 为子类
```

左边是父类的引用类型，右边是创建的子类对象，f 可以调用的方法必须是父类中存在的方法，如果不是，编译器会报错。但是在程序运行过程中，虚拟机调用方法会在创建的对象的方法中调用，即调用子类对象的覆盖后的方法。如果子类中没有该方法，就会调用父类的方法，即三种情况。

（1）父类中有该方法，子类中覆盖了该方法，调用的为覆盖后的方法。

（2）父类中有该方法，子类中没有，调用的为父类中的方法。

（3）父类中没有该方法，子类中有，无法通过编译。

可以看出，这种方式下子类对象只能调用父类中有的方法，而无法调用自己所特有的方法，如果想调用子类中的特殊方法，可以使用向下转型，将父类引用强制类型转换成子类引用，这样通过子类的引用就可以调用子类中的所有方法，其形式如下：

```
Son s=f;     //f 为父类引用变量
```

通过类型的多态，一个对象可以调用不同类的方法实现不同的功能。同时，由于引用变量类型可以是对象的父类，在方法参数上可以使用父类的引用变量，这样只要是继承了该父类的子类就能够使用该方法，并且扩展的子类不需要修改任何代码也能够使用该方法。

【例 4-16】创建 TypePoly 类，并创建 Father2 父类和 Son2 子类，定义两个类中有覆盖的方法、特殊的方法，在 TypePoly 类中定义方法传入参数为父类，在主函数中测试类型多态。

```java
class Father2 {
    void test(){
        System.out.println("父类方法 test()");
    }

    void test2(){
        System.out.println("父类方法 test2()");
    }
}

class Son2 extends Father2 {
```

```java
    void test2(){
        System.out.println("子类方法 test2()");
    }

    void test3(){
        System.out.println("子类方法 test3()");
    }
}

public class TypePoly {
    static void test4(Father2 f){
        f.test2();
    }

    public static void main(String[] args){
        Father2 f=new Son2();
        f.test();
        f.test2();
        // 调用子类特殊方法编译器报错
        // f.test3();
        Son2 s=(Son2)f;
        s.test3();

        // 相同的方法,实现的功能不同
        test4(new Father2());
        test4(new Son2());
    }
}
```
运行该程序，结果如图 4-15 所示。

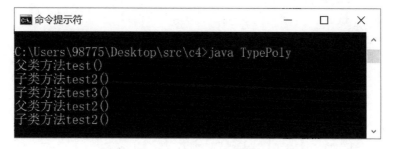

图 4-15　例 4-16 的控制台输出结果

在例 4-16 中，通过向上转型，子类对象调用了父类的方法 test 和子类覆盖后的方法 test2，但是无法调用子类特殊方法 test3，在进行强制类型转换后，子类对象能够调用子类的特殊方法 test3。test4 方法将方法参数类型设置为父类，这样凡是继承了父类的子类对象也可以作为参数传入，并且传入类型不同，实现的功能也不同。

4.6.3　方法多态

方法多态分为方法重载和方法覆盖。方法重载是在同一个类中进行的，相同方法名的方法，传入参数类型的不同意味着方法的重载，在调用时根据传入参数类型的不同就可以确定使用哪个方法。方法覆盖是在子类中进行的，子类中有和父类具有相同方法签名和返回类型的方法，但是方法体内容不同，在调用时要根据引用变量类型来确定调用哪个方法。

方法重载在编译时就可以确定选择哪个方法，而方法覆盖在运行时才能确定选择哪个方法，因此方法重载是编译时的多态，也称静态多态，方法覆盖是运行时的多态，也称动态多态。

【例 4-17】创建 MethodPoly 类，并创建父类和子类，子类中进行方法覆盖，MethodPoly 类中进行方法重载，在主函数中测试方法覆盖和方法重载。

```
class Father3 {
    void test(){
        System.out.println("父类方法 test()");
    }
}

class Son3 extends Father3 {
    void test(){
        System.out.println("子类方法 test()");
    }
}

public class MethodPoly {
    void mptest(){
        System.out.println("方法 mptest()");
    }

    void mptest(int i){
        System.out.println("方法 mptest(int i)");
        System.out.println("i 的值为:"+i);
    }
```

```
public static void main(String[] args){
    Father3 f=new Son3();
    f.test();
    MethodPoly mp=new MethodPoly();
    mp.mptest();
    mp.mptest(3);
}
}
```

运行该程序，结果如图 4-16 所示。

图 4-16　例 4-17 的控制台输出结果

在例 4-17 中，Son3 子类中覆盖了父类的 test 方法，可以看到覆盖的方法的方法签名和返回类型是一致的，在 MethodPoly 类中进行了 mptest 方法的重写，它们的传入参数是不同的。在编译时，父类的引用类型调用的方法必须是父类中存在的方法，但运行时由于创建的是子类对象，实际上调用的是子类覆盖后的方法，而方法重载编译时就确定了调用哪种方法。

4.7　抽　象　类

抽象类无法被实例化，即抽象类不能创建对象。例如，水果类，如果它创建一个对象，那么没有人知道创建的是哪种水果，而一个榴莲类，它创建的一个对象就是榴莲。因此，抽象类适用于抽象、不具体的概念，和抽象类对应的是具体类，也就是能够被实例化的类。

抽象类使用 abstarct 关键字声明，抽象类中可以有抽象方法，也可以有非抽象方法。其语法如下：

```
abstract class 类名{
    ...
}
```

抽象方法同样用 abstract 关键字声明，抽象方法没有方法体，有方法签名、返回类型等，这和非抽象方法是一致的。抽象方法只是声明有一种方法而不涉及任何实现内容，它更像是一种协议化的约定，其语法如下：

abstract 返回类型 方法名(参数列表)；

抽象类无法被实例化，因此必须要有子类继承它，抽象类的价值才能体现出来，如果不被继承，抽象类将毫无意义。抽象方法没有方法体，因此必须被继承的子类实现，抽象方法才能被覆盖成非抽象方法，从而为实现某种功能服务。因此，只要包含抽象方法的类，就必须声明为抽象类。

子类在继承抽象类时，必须实现所有的抽象方法，也就是创建出所有的与抽象类中抽象方法相同方法签名和返回类型的非抽象方法或者抽象方法，如果创建的仍有抽象方法，则该子类也是抽象类。

【例 4-18】创建 AbstractTest 类，并创建一个抽象类 AT，在 AT 中创建抽象方法和非抽象方法，在 AbstractTest 类中实现抽象方法，在主函数中调用覆盖后的方法和非抽象方法。

```java
abstract class AT {
    abstract void test();
    int test2(int i){
        return i * i;
    }
}


public class AbstractTest extends AT {
    void test(){
        System.out.println("实现抽象方法 test");
    }

    public static void main(String[] args){
        AbstractTest a=new AbstractTest();
        a.test();
        System.out.println(a.test2(3));
    }
}
```

运行该程序，结果如图 4-17 所示。

图 4-17　例 4-18 的控制台输出结果

在例 4-18 中，抽象类 AT 中有抽象方法也有非抽象方法，子类在继承 AT 后实现了
AT 的抽象方法 test，重写为非抽象方法，没有覆盖 AT 的非抽象方法，在主函数中调用子
类覆盖后的 test 方法和没有覆盖的父类 test2 方法。

4.8 接   口

接口是抽象方法的集合，接口里只有抽象方法，没有非抽象方法，接口能够实现多重
继承，继承接口需要实现接口所有的抽象方法。

4.8.1 接口思想

抽象类能够将子类中相同的功能抽出来建立抽象方法，子类继承后实现，但这样的继
承存在一定的问题。例如，子类中有一部分有相同的功能，这个时候需要将这个功能抽出
来创建出一个方法让这部分子类继承，否则就需要在这部分子类中写大量重复的代码，但
是子类已经有父类，无法再继承新的父类，而如果将这个方法写入父类中，显然对于那些
不具有该功能的子类来说是累赘，因此就产生了接口，子类能够在继承父类的基础上再继
承实现某些功能的接口。

对于抽象类来说，只有单继承是被允许的，如果发生多继承，会出现"致命方块"的
问题，如在两个父类中都有相同的方法声明，但方法体内容不同，那么子类在调用时应该
调用哪一个呢？如果允许这样的多继承，就意味着要设计出更复杂的规则去规范它，Java
基于简单化的原则并不允许这样的多重继承方式。但是正如上面所讨论的，多重继承又是
需要的，所以就有了接口来实现多重继承，接口中的方法都是抽象方法，没有方法体，因
此就不会存在"致命方块"的问题，子类在继承接口后覆盖掉接口的方法，就能实现自己
特定的功能。

4.8.2 接口定义

接口中的方法必须是抽象方法，接口中的变量都是 static final 的常量，定义接口的关
键字是 interface，其语法如下：

```
interface 接口名{
返回类型 抽象方法名(参数列表);    //抽象方法
static final 常量名;    //定义常量
…
}
```

接口中的参数都是 static 形式是因为一个类可以继承多个接口，如果不设置为 static
形式，可能会出现多个重名的变量，难以区分。因为接口中的方法都是抽象方法，不存在
方法操作成员变量的问题，属性的值不会改变，所以将参数设置为 final 常量。

需要注意的是，接口中的属性和方法默认都是开放的，确保外部系统能够访问到接口。

4.8.3　实现接口

子类可以通过 implements 关键字继承接口，如果子类是抽象类，可以继承接口的部分方法，而如果是具体类，继承接口后需要实现接口中的所有抽象方法。

【例 4-19】创建 InterfaceTest 类，并创建接口 InTest，让 InterfaceTest 类继承接口，并实现接口中的抽象方法，在主函数中测试结果。

```
interface InTest {
    public void test();
}

public class InterfaceTest implements InTest {
    public void test(){
        System.out.println("实现了接口的方法 test");
    }

    public static void main(String[] args){
        InterfaceTest it=new InterfaceTest();
        it.test();
    }
}
```

运行该程序，结果显示如图 4-18 所示。

图 4-18　例 4-19 的控制台输出结果

在例 4-19 中，子类通过 implements 关键字继承了接口，并且实现了接口中的方法。接口也可以被继承，不过接口相互继承使用的关键字是 extends。另外，一个类可以同时继承父类和接口，但是 extends 关键字必须在 implements 关键字之前。

4.8.4　接口与多态

在面向对象程序设计语言中，实现多态的三个必备条件是继承、重写和向上转型。子类在继承接口后，会覆盖接口中的方法，通过向上转型的方式可以选择多个运行的状态。下面是一个接口实现多态的例子。

【**例 4-20**】创建 InfPolyTest 类，并创建 Paintable 和 Studyable 接口，同时创建 Person 类继承并实现这两个接口，在主函数中测试用接口的方式实现多态。

```java
interface Paintable {
    void paint();
}

interface Studyable {
    void study();
}

class Person implements Paintable,Studyable {
    public void paint(){
        System.out.println("我在 paint");
    }

    public void study(){
        System.out.println("我在 study");
    }
}

public class InfPolyTest {
    public static void main(String[] args){
        // 向上转型为接口类型
        Paintable p=new Person();
        p.paint();
        // 强制类型转换为另一个接口类型
        Studyable s=(Studyable)p;
        s.study();
        // 向下转型
        Person ps=(Person)p;
        ps.paint();
        ps.study();
```

```
    }
}
```
运行该程序，结果显示如图 4-19 所示。

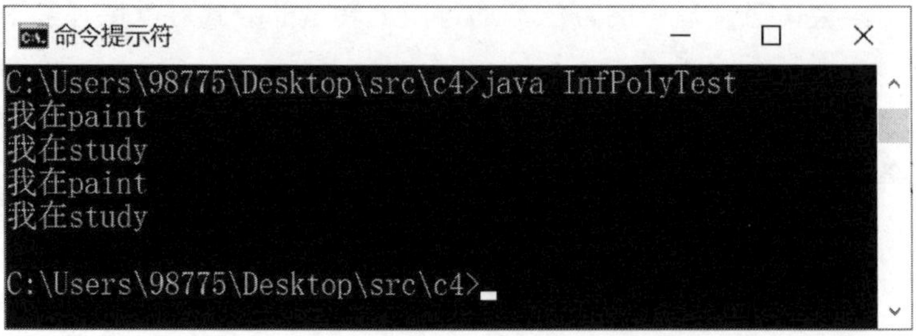

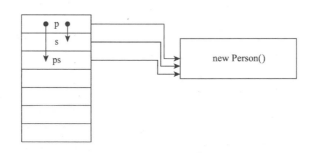

图 4-19　例 4-20 的控制台输出结果

在例 4-20 中，Paintable 接口定义的是 paint 功能，Studyable 接口定义的是 study 功能。Person 类继承了这两个接口并实现了 paint 和 study 的功能。在主函数中，使用向上转型：`Paintable p=new Person();`，引用变量 p 被声明为接口类型，创建的对象是继承了接口的 Person 类，p 调用的 paint 方法是 Person 覆盖后的方法，但 p 无法调用 study 方法，如果要调用 study 方法，则需要将 p 强制类型转换为 Studyable 类型的引用，转换后的引用 s 可以调用 Person 覆盖后的 study 方法，但是无法调用 paint 方法。如果既想调用 paint 方法又想调用 study 方法，则可以将 p 强制类型转换为 Person 类型的引用，转换后的引用 ps 可以调用 Person 中覆盖后的 paint 方法和 study 方法。

事实上，在整个转换过程中发生变化的只有引用变量，而实际的对象只有最初创建的那个 Person 对象，引用变量和对象在内存中的关系可以用图 4-20 表示。

图 4-20　引用变量和对象在内存中的关系图

由图 4-20 可以看出，真正的对象只有 new Person()，但是多态能够使这一个对象具有多种可以选择的运行状态。例如，在向上转型为 Paintable 时，就选择了只完成画画这样一个状态，转型为 Studyable 时，就选择了只完成学习这样一个状态，当需要同时完成这两种状态时，就将类型转换为 Person。就像现实世界中，一个人会有不同的面，在何种情景就会体现对应的一面。

4.8.5　接口与抽象类

抽象类和接口最主要的区别是抽象类是单继承而接口是多继承,因此抽象类要遵守类的继承层次结构,一个抽象类只能出现在一级的类继承结构中,接口则不需要遵守类继承结构,它可以出现在任何一级的类实现上。抽象类和接口的具体区别如表 4-1 所示。

表 4-1　抽象类和接口的区别

项目	抽象类	接口
构造器	有构造器,不能实例化	没有构造器,也不能实例化
main 方法	可以有 main 方法	不能有 main 方法
关键字	子类通过 extends 关键字继承	子类可以通过 implements 关键字实现接口,接口可以通过 extends 关键字实现其他接口
是否有非抽象方法	可以有非抽象方法	不能有非抽象方法
访问修饰符	除了 private,其他修饰符都可以使用	默认 public
成员变量	不能有 static 变量,可以有其他的成员变量	只允许有 static final 的属性
多继承	一个抽象类可以继承一个类,实现多个接口	一个接口可以实现多个接口,不能继承任何类
速度	比接口要快	接口需要寻找实现方法的时间
添加方法的影响	抽象类可以添加实现方法,继承它的类默认有该方法,不需要在子类中添加实现方法	接口中添加的方法为抽象方法,所有实现该接口的类都必须在类中添加实现方法

在设计继承和实现接口时,到底选择抽象类还是继承呢?如果是将子类的通用基本功能抽象出来,那么可以将其创建为一个抽象类;如果部分子类需要一些其他的功能,则可以将这些功能抽象出来创建为接口,子类通过实现接口达成实现某些功能的协议,如果还需要非抽象方法实现某些功能,可以创建抽象类。

当只使用接口中的某些方法时,如果直接实现接口,会有冗余的方法,当需要多个接口中的部分方法时,子类同时需要实现多个接口的所有方法,会有大量冗余的方法,这时可以创建一个抽象类实现一个接口或者多个接口中的某些方法,因为抽象类实现接口并不需要实现接口的所有方法,然后再让子类去继承抽象类,这样就能避免实现接口中不需要的方法。

4.9　Object 类

Object 类是 Java 中所有类的源头,所有的类都是从继承它而来的,如果一个类没有声明有继承关系,那么它会默认继承 Object 类,如果一个类有父类,父类也会继承 Object 类。

Object 类中包括 finalize()、getClass()、toString()、hasCode()、equals()、wait()、clone()

等方法，其中有一些方法被设置为 final 形式，无法被覆盖，如 getClass()、wait()等，还有一些是可以被覆盖的，如 equals()、toString()等。本节将详细介绍其中的几个方法。

1. getClass()方法

Object 类中的 getClass 方法返回的是类，对象调用它可以知道初始化对象的类，返回的类实例接着调用 getName()方法可以返回类名。

【例 4-21】创建 ClassTest 类，实例该类，并调用 getClass()方法和 getName()方法。在主函数中测试结果。

```
public class ClassTest {
    public static void main(String[] args){
        ClassTest ct=new ClassTest();
        System.out.println(ct.getClass());
        System.out.println(ct.getClass().getName());
    }
}
```

运行该程序，结果显示如图 4-21 所示。

图 4-21　例 4-21 的控制台输出结果

可以看出，直接调用 getClass()方法返回的是类，在此基础上调用 getName()方法返回的是类的全称。

2. toString()方法

toString()方法返回的是一个字符串类型的数据，Object 类中的 toString 方法返回的是类名和数字，这个方法可以被覆盖，因此其他类可以重写 toString 方法。

【例 4-22】创建 StringTest 类，并创建 ST 类，在 StringTest 类中重写 toString 方法，在主函数中输出两个类的对象，比较区别。

```
class ST {
}

public class StringTest {
```

```
    public String toString(){
        return StringTest.class.getName();
    }

    public static void main(String[] args){
        // 未覆盖时的默认方法
        System.out.println(new ST());
        // 覆盖后的方法
        System.out.println(new StringTest());
    }
}
```

运行该程序，结果如图 4-22 所示。

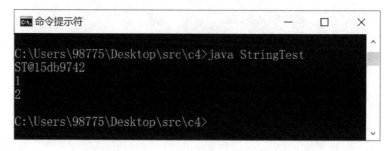

图 4-22　例 4-22 的控制台输出结果

ST 类未覆盖 toString 方法，所以它所调用的是默认的方法，可以看到 Object 中的 toString 方法返回的是类名和一串无意义的数字。在 StringTest 类中重写 toString 方法，使用 getClass 方法和 getName 方法将返回值改为类名，在主函数中测试，输出 StringTest 对象时输出内容变为类名，没有无意义的数字了。

3. equals()方法

equals()方法在前面介绍过，“==”比较的是对象的引用是否一致，equals()比较的是对象的值是否相等，但事实上，比较的对象都是 String 类型的对象，也就是说调用的 equals 方法可能是 String 覆盖后的，为了了解 Object 类中的 toString 方法，不妨先来看一个例子。

【例 4-23】创建 EqualsTest 类，在主函数中创建两个字符串类型的对象，它们的值相同，创建两个 EqualsTest 类的对象，比较它们调用 equals 方法的区别。

```
public class EqualsTest {
    public static void main(String[] args){
        String s1="hello";
        String s2="hello";
        EqualsTest et1=new EqualsTest();
```

```
        EqualsTest et2=new EqualsTest();
        EqualsTest et3=et1;
        System.out.println(s1.equals(s2));
        System.out.println(et1.equals(et2));
        System.out.println(et1.equals(et3));
    }
}
```

运行该程序，结果显示如图 4-23 所示。

图 4-23　例 4-23 的控制台输出结果

从例 4-23 可以看出，Object 类中默认的 equals 方法比较的是对象的引用地址而不是对象的值，而 String 中的 equals 方法比较的是对象的值而不是引用地址，因此，String 类中的 equals 方法实际上是覆盖后的。

Object 类能够使 Java 的开发人员创建出可以处理自定义类型的类，如 ArrayList 类，因为 ArrayList 中很多方法使用的是 Object 类，所以它可以处理所有的自定义类型的类。但要注意的是，如果设置 ArrayList 为存储 Object 类型对象，那么其他类型的对象存储进去以后，再取出来时就是 Object 类型而不是原类型，不过可以进行强制类型转换，将其转换成原类型。

4.10　小　　结

本章主要介绍了面向对象程序设计语言中继承与多态的思想，详细介绍了继承机制、继承的定义和实现、super 关键字和 instanceof 关键字的用法，并详细介绍了继承中成员覆盖的规则、父类属性在子类中的隐藏，static 静态方法同样会被隐藏，非静态方法能够被重写，重写需要保持方法签名和返回类型的一致。

final 关键字意味着不能被更改的内存地址，它可以修饰变量、方法和类，final 变量指向的引用无法被更改，但并不是 static 类变量，因此 final 变量的值并不是严格意义上的常量。final 方法无法被覆盖，但它和因为不能被访问而无法覆盖的 private 方法有所区别。final 类无法被继承，类中可以有非 final 成员。

多态性是 Java 的三大特性之一，抽象类和接口是它的两大实现方式，通过向上转型，继承和方法重写，一个对象能够选择多个运行状态，这就是多态的核心思想。

抽象类是 abstract 关键字声明的类，它无法被实例化，既可以有抽象方法又可以有非抽象方法，接口是非抽象方法的集合，同样无法被实例化。

Object 类是所有类的父类，类中有的方法可以被覆盖，ArrayList 类中很多方法参数是 Object 类型，因此可以操作所有的自定义类型类。

4.11　习　　题

1. 简要描述 Java 中的继承机制。
2. super 关键字有哪几种使用方式？
3. 请简要解释在继承中子类对父类属性和方法的操作。
4. 请简要解释在 Java 中如何实现多态。
5. 请简要解释抽象类和接口的异同。

第 5 章　图形用户界面设计

5.1　Swing 概述

SWT(standard widget toolkit)是一个 Java GUI 工具包,是 AWT(abstract windw toolkit)的增强组件,和 AWT 不同,SWT 是由纯 Java 写成的,因此能够跨平台运行。SWT 支持可更换的面板和主题,但不是使用原生平台的设备,而是从表面模仿,因此它不受平台影响,在任何平台都可以有统一的运行风格。AWT 在使用时还需要调用底层平台的 GUI 实现,SWT 则不需要,作为轻量型组件,它不依赖于本地平台,不过虽然它对于跨平台的支持更好,但运行速度要慢一些。

SWT 包含组件和容器两种元素,容器也可以是组件,放到另一个容器里,组件必须放在容器里才能显示出来。组件继承于 JComponent 类,这个类继承于 AWT 的 Component 类和它的子类 Container。JComponent 类可以提供组件所需要的所有功能,支持可更换的视觉界面。常见的组件有标签 JLabel、按钮 JButton、列表框 JList、文本框 JTextField、复选框 JCheckBox 等,在后面的章节会分别介绍如何使用这些组件。

SWT 的容器分为两种:一是顶层容器;二是中间层容器。顶层容器是指界面程序中最顶层的容器,它不继承于 JComponent 类,不能被视作组件,如 JFrame、JWindow、JApplet、JDialog。中间层容器,也叫轻量型容器,它继承于 JComponent 类,可以被视作组件,并且必须被包含在其他的容器中,如 JPanel、JScrollPane 等。

5.2　窗　　体

Swing 中常用的窗体是 JFrame 和 JDialog,它们都为顶层窗体,窗体能够承载组件。

5.2.1　JFrame 窗体

JFrame 窗体就是一个容器,能够承载 Swing 的各种组件。使用 JFrame 要先导入 java.swing.JFrame 包,实例化一个 JFrame 对象,将窗体转换为容器,将组件添加至容器中,这样一个包含各种组件的窗口就创建出来了。

JFrame 窗体有两种构造函数,分别是

```
public JFrame(){}
public JFrame(String title){}    //title 为窗口标题
```

JFrame 窗体一种常见的语法如下:

```
JFrame jf=new JFrame(参数)              //参数可为空,也可为字符串变量,
                                        作为窗体标题
Container c=jf.getContentPane();        //将窗体转换为容器
```
【**例 5-1**】创建 **JFrameTest** 类，导入所需类包，实例化一个 **JFrame** 对象，向其中加入标签组件，在主函数中测试结果。

```
import java.awt.*;
import javax.swing.*;

public class JFrameTest {
    public static void main(String[] args){
        JFrame jf=new JFrame("我的第一个 Frame 窗口");
        jf.setSize(100,100);
        jf.setVisible(true);
        //设置容器
        Container c=jf.getContentPane();
        c.setBackground(Color.green);
        //添加标签组件
        JLabel jl=new JLabel("测试 JFrame 窗口");
        c.add(jl);
        jf.setDefaultCloseOperation(WindowConstants.DO_NOTHING_
          ON_CLOSE);
    }
}
```
运行该程序，结果显示如图 5-1 所示。

图 5-1　JFrame 窗体的应用

在例 5-1 中，实例化一个 JFrame 对象，调用 setSize()方法设置窗体的大小，调用

setVisible()方法设置窗体的可见性，true 为可见，false 为不可见。然后调用 setContentPane()方法返回容器对象，并将其赋值给声明的容器变量，这里如果不定义容器变量，也可以直接操作返回的容器对象，定义一个标签组件，并用 add()方法将其添加到容器中，也可以直接写为 jf.setContentPane().add()。最后窗体调用 setDefaultCloseOperation()方法设置窗体的关闭方式，这里传入的常量有四种：DO_NOTHING_ON_CLOSE（直接关闭，不执行任何操作）、HIDE_ON_CLOSE（隐藏窗口）、DISPOSE_ON_CLOSE（隐藏并释放窗口，当最后一个窗口被释放时，程序结束）、EXIT_ON_CLOSE（直接关闭应用程序）。

5.2.2　JDialog 窗体

JDialog 继承自 AWT 的 Dialog，它是一个对话框形式的窗体，就像浏览网站弹出的一个对话框一样。JDialog 和 Dialog 一样可以分为两种：模态对话框和非模态对话框。模态对话框是指用户需要处理完对话框的事件才能继续和其他窗体进行交流，非模态对话框是指用户可以在处理对话框的同时操作其他窗体。模态和非模态的设置可以在创建 JDialog 时根据传入参数来规定，也可以在创建完对象后调用 setModal()方法来规定。

JDialog 有五种构造函数，分别是

```
public JDialog(){}
public JDialog(Frame f){}
public JDialog(Frame f,String title){}
public JDialog(Frame f,boolean model){}
public JDialog(Frame f,String title,boolean model){}
```

JDialog 需要传入 Frame 窗体作为对话框的所有者，如果没有所有者则为 null，因此，第一个是无参构造函数，而剩余四个都需要 Frame 参数。String 类型参数会作为对话框的标题，boolean 类型参数设置模态与非模态，true 为模态对话框，false 为非模态对话框。

【例 5-2】创建 JDialogTest 类，创建一个 JFrame 窗口，窗口上有两个按钮可以选择是弹出模态对话框还是非模态对话框，弹出的窗口里有标签提示。

```
import java.awt.*;
import java.awt.event.ActionEvent;
import java.awt.event.ActionListener;

import javax.swing.*;

public class JDialogTest {
    public static void main(String[] args){
        JFrame jf=new JFrame();
        jf.setDefaultCloseOperation(WindowConstants.DISPOSE_ON_
          CLOSE);
        jf.setVisible(true);
```

```java
//添加按钮
JButton b1=new JButton("弹出模态对话框");
JButton b2=new JButton("弹出非模态对话框");
jf.setSize(500,400);
jf.setLocation(300,200);
jf.setLayout(new FlowLayout());    //设置布局管理器
jf.add(b1);
jf.add(b2);
jf.getContentPane().add(b1);
jf.getContentPane().add(b2);
//添加 JDialog
final JLabel label=new JLabel();    //创建一个标签
final JDialog jd=new JDialog(jf,"Dialog 窗口");
jd.setSize(220,150);
jd.setLocation(400,300);
jd.setLayout(new FlowLayout());
final JButton b3=new JButton("确认");
jd.add(b3);
jd.add(label);
//注册事件监听器
b1.addActionListener(new ActionListener(){
    public void actionPerformed(ActionEvent e){
        jd.setModal(true);
        label.setText("处理完该对话框才能处理其他窗口");
        jd.setVisible(true);
    }
});
b2.addActionListener(new ActionListener(){
    public void actionPerformed(ActionEvent e){
        jd.setModal(false);
        label.setText("可以同时处理其他窗口");
        jd.setVisible(true);
    }
});
b3.addActionListener(new ActionListener(){
    public void actionPerformed(ActionEvent e){
        jd.dispose();
    }
```

```
        });
    }
}
```

运行该程序，结果显示如图 5-2 所示。

图 5-2　JDialog 窗体的运行结果

单击"弹出模态对话框"按钮，弹出的对话框如图 5-3 所示。
单击"弹出非模态对话框"按钮，弹出的对话框如图 5-4 所示。

图 5-3　单击"弹出模态对话框"弹出窗口　　　图 5-4　单击"弹出非模态对话框"弹出窗口

在第一个对话框弹出时，不处理该对话框则无法操作其他窗口，在第二个对话框弹出时，不处理该对话框也可以关闭其他窗口。

在例 5-2 中，首先创建了一个 JFrame 窗体，窗体转换为容器，并向容器中添加了两个按钮，提供弹出两种对话框的选择，分别对这两个按钮注册事件监听器。综上所述，就是单击按钮后会发生的事情。声明一个 final 的 Dialog 常量、一个 final 的 Label 标签组件和一个 JButton 按钮组件，将后两者添加至前者中。在事件反应程序中，添加 Label 标签的文本，Dialog 对象调用 setModal()方法来设置模态与非模态。最后为 Dialog 中添加的按钮组件注册事件监听器，使单击按钮后 Dialog 会关闭。

5.3 面 板

面板是 Swing 的中间层容器，它可以作为容器包含其他组件，不过自身也必须包含在其他容器中。Swing 中常用的面板有 JPanel 和 JScrollPane，本节主要介绍这两种面板。

5.3.1 JPanel 面板

一个界面只能有一个 JFrame 窗体，但是可以有多个 JPanel 面板，组件可以分别加到各个 JPanel 面板中，这样可以达到更为复杂的布局效果。

JPanel 常用的两个构造函数为：

```
public JPanel(){}
public JPanel(LayoutManager manager){}//manager 为布局对象
```

【例 5-3】创建 JPanelTest 类，继承 JFrame 类，重写构造函数，添加三个面板，每个面板有自己的布局，在面板中添加组件，最后将面板添加到容器中，在主函数中初始化测试结果。

```java
import java.awt.*;
import javax.swing.*;

public class JPanelTest extends JFrame {
    public JPanelTest(){
        //窗体转换容器
        Container c=getContentPane();
        //设置容器的布局
        c.setLayout(new GridLayout(3,1,12,12));
        //设置第一个面板
        JPanel jp1=new JPanel(new GridLayout(1,4,12,12));
        JLabel jl1=new JLabel("温性水果");
        jl1.setHorizontalAlignment(SwingConstants.CENTER);
        JButton jb1=new JButton("山楂");
        JButton jb2=new JButton("樱桃");
        JButton jb3=new JButton("荔枝");
        jp1.add(jl1);
        jp1.add(jb1);
        jp1.add(jb2);
        jp1.add(jb3);
        //设置第二个面板
        JPanel jp2=new JPanel(new GridLayout(1,4,12,12));
```

```
        JLabel jl2=new JLabel("中性水果");
        jl2.setHorizontalAlignment(SwingConstants.CENTER);
        JButton jb4=new JButton("苹果");
        JButton jb5=new JButton("龙眼");
        jp2.add(jl2);
        jp2.add(jb4);
        jp2.add(jb5);
        //设置第三个面板
        JPanel jp3=new JPanel(new GridLayout(1,4,12,12));
        JLabel jl3=new JLabel("寒性水果");
        jl3.setHorizontalAlignment(SwingConstants.CENTER);
        JButton jb6=new JButton("西瓜");
        JButton jb7=new JButton("梨");
        JButton jb8=new JButton("香蕉");
        JButton jb9=new JButton("桑葚");
        jp3.add(jl3);
        jp3.add(jb6);
        jp3.add(jb7);
        jp3.add(jb8);
        //将三个面板加到容器中
        c.add(jp1);
        c.add(jp2);
        c.add(jp3);
        //设置窗口属性
        this.setSize(300,200);
        this.setLocation(700,500);
        this.setDefaultCloseOperation(JFrame.EXIT_ON_CLOSE);
        this.setVisible(true);
    }

    public static void main(String[] args){
        new JPanelTest();
    }
}
```

运行该程序,结果显示如图 5-5 所示。

在例 5-3 中,三个面板各有自己的布局,将组件分别添加到三个面板中,面板为容器,再将面板按照一定布局添加到窗体转换的容器中,这时面板可被视为组件。组合使用面板能够处理复杂化的窗体布局问题。

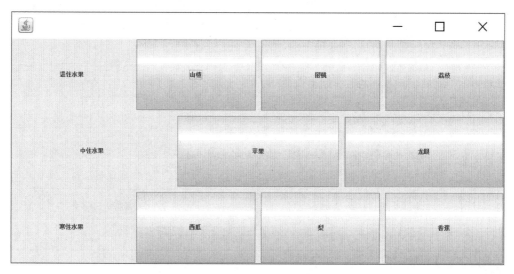

图 5-5　JPanel 面板的应用

5.3.2　JScrollPane 面板

JScrollPane 面板和 JPanel 面板都是中间层容器，可以承载组件，需要包含在其他容器中，区别在于 JScrollPane 面板是带滚动条的面板，就像在浏览网页时界面内内容展示不完整时，可以滑动滚动条来浏览全部内容。更重要的是，JScrollPane 面板只能承载一个组件，因此如果需要在里面包含多个组件的内容，可以先用一个 JPanel 面板承载这些组件，再用 JScrollPane 面板承载这一个 JPanel 面板。

【例 5-4】创建 JScrollPaneTest 类，继承 JFrame，在构造函数中设置文本域组件和标签组件，并将其加入 JPanel 组件中，再将 JPanel 组件加入 JScrollPane 容器，最后将 JScrollPane 组件加入窗体容器中，在主函数中初始化测试结果。

```java
import java.awt.*;
import javax.swing.*;

public class JScrollPaneTest extends JFrame {
    public JScrollPaneTest(){
        Container c=getContentPane();
        //标签组件
        JLabel jl=new JLabel("请输入文本:");
        //文本域组件
        JTextArea jt=new JTextArea(20,20);
        //设置 JPanel 面板承载两个组件
        JPanel jp=new JPanel();
        jp.add(jl);
        jp.add(jt);
```

```
        //设置 JScrollPane 面板
        JScrollPane js=new JScrollPane(jp);
        c.add(js);
        //设置窗口属性
        this.setSize(300,200);
        this.setLocation(700,500);
        this.setDefaultCloseOperation(JFrame.EXIT_ON_CLOSE);
        this.setVisible(true);
    }

    public static void main(String[] args){
        new JScrollPaneTest();
    }
}
```
运行该程序，结果显示如图 5-6 所示。

图 5-6　JScrollPane 面板的应用

在例 5-4 中，设置了一个标签组件和一个文本域组件参与滚动，JScrollPane 只能承载一个组件，因此先设置一个 JPanel 面板，将标签组建和文本域组件加入该容器中，再将 JPanel 作为组件加入 JScrollPane 容器中，最后将 JScrollPane 作为组件导入窗体容器中即完成了窗口滚动部分的设置。

5.4　标　　签

Swing 中的标签组件是 JLabel，它继承于 JComponent 类。标签能够显示文本、图标或者文本和图标的结合，标签可以作为提示信息，但是标签不能产生任何事件，它只能展示信息。

JLabel 类有多种构造函数，主要的有以下几种：

```
public JLabel(){}
```

```
public JLabel(String text){}
public JLabel(Icon icon){}
public JLabel(String text,int alignment){}
public JLabel(Icon icon,int alignment){}
public JLabel(String text,Icon icon,int alignment){}
```

其中 text 是标签显示的文本内容，Icon 是 Java 中一个创建图标的接口，alignment 可以设置标签内容的水平对齐方式，可以设置为居左、居右和居中。

JLabel 标签可以在初始化的时候就将文本信息和图标设置完成，也可以初始化时未设置或者未设置完全，在创建完对象后，用对象调用 setIcon()的方法设置图像，调用 setText()的方法设置文本信息，调用 setAlignment()的方法设置水平居中方式。

标签中的图标设置需要使用到 Icon 接口，图标除了可以在标签中使用，还可以在按钮等组件中使用，下面详细介绍如何创建图标。

图标有两种创建方式：第一种，可以使用 java.awt.Graphics 类提供的绘制方法来绘制图标；第二种，可以使用实现了 Icon 接口的 ImageIcon 类来设置某个特定的图片为图标。

1. 绘制图标

绘制图标需要实现 Icon 接口，Icon 接口中有三个方法，实现接口必须实现接口的这三种方法：

```
public int getIconHeight()      //获取图标的高
public int getIconWidth()       //获取图标宽
public void paintIcon(Component args0,Graphics args1,int args2,
    int args3)                  //在指定坐标绘制图标
```

其中 Graphics 是 Java 中的 Graphics 类，它提供多种绘制方法。

【例 5-5】创建 IconTest 类实现 Icon 接口，实现接口的三个方法，paintIcon()方法中将绘制图标的方式设置为绘制正方形，在主函数中创建窗体，设置带有文本和图标的 JLabel 组件，测试结果。

```
import java.awt.*;
import javax.swing.*;

public class IconTest implements Icon {
    private int height;
    private int width;

    public IconTest(int height,int width){
        this.height=height;
        this.width=width;
    }
```

```
        //实现接口的三个方法
        public int getIconHeight(){
            return height;
        }

        public int getIconWidth(){
            return width;
        }

        public void paintIcon(Component args0,Graphics args1,int x,
            int y){
            args1.fillRect(x,y,height,width);
        }

    public static void main(String[] args){
            //创建窗体
            JFrame jf=new JFrame();
            Container c=jf.getContentPane();
            //初始化图标
            IconTest icon=new IconTest(12,12);
    //创建标签组件
            JLabel jl=new JLabel("绘制图标",icon,JLabel.CENTER);
            c.add(jl);
            //设置窗口属性
            jf.setSize(300,200);
            jf.setLocation(700,500);
            jf.setDefaultCloseOperation(JFrame.DO_NOTHING_ON_CLOSE);
            jf.setVisible(true);
        }
    }
```

运行该程序，结果显示如图 5-7 所示。

在例 5-5 中，在实现 paintIcon()方法时，使用了 Graphic 类的 fillRect()方法来绘制填充的正方形图标。接着将实现了 Icon 接口的类实例化，作为创建 JLabel 对象时传入的图标参数，最后标签中显示的即为绘制的图标。

图 5-7　JLabel 标签的应用

2. 设置某个特定图片为图标

java.swing.ImageIcon 类实现了 Icon 接口，可以根据已有的图片来创建图标，图片必须是 Java 支持的图片格式，如 png、jpg 和 gif 等，图片可以使用 Image 对象，也可以通过 URL 链接来设置。

ImageIcon 类有以下几种常用的构造函数：

```
public ImageIcon(){}
public ImageIcon(Image image){}              //image 对象来设置图片
public ImageIcon(URL url){}                   //图片的链接地址
public ImageIcon(Image image,String description){}//description
                                                    为图片描述
```

实例化 ImageIcon 对象时，可以通过传入 Image 对象或者传入图片链接 URL 参数来设置图片，也可以不传入，在创建对象之后通过。setImage()方法来设置图片。另外，description 虽然是图片的描述，但并不会显示在图标中，要想获取描述可以调用 getDescription()方法。

【例 5-6】创建 ImageIconTest 类，继承 JFrame，在构造函数中设置 ImageIcon，构造 JLabel 标签，将其添加到容器中，在主函数中初始化测试结果。

```java
import java.awt.*;
import javax.swing.*;

public class ImageIconTest extends JFrame {
    public ImageIconTest(){
        //设置容器
        Container c=getContentPane();
        //设置图片
        ImageIcon i=new ImageIcon("picture/wait.png");
        //设置标签组建
        JLabel jl=new JLabel("wait",i,JLabel.CENTER);
        //设置标签中文本的位置和字体
        jl.setHorizontalTextPosition(JLabel.LEFT);
        jl.setFont(new Font("黑体",Font.BOLD,52));
        //将标签添加到容器中
        c.add(jl);
        //设置窗体属性
        this.setSize(300,200);
        this.setLocation(700,500);
        this.setDefaultCloseOperation(JFrame.EXIT_ON_CLOSE);
        this.setVisible(true);
```

```
    }

    public static void main(String[] args){
        new ImageIconTest();
    }
}
```
运行该程序，结果显示如图 5-8 所示。

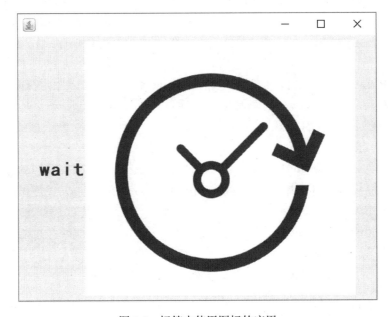

图 5-8　标签中使用图标的应用

在例 5-6 中，设置 ImageIcon 时使用的是传入图片链接的方式，这里的图片存储在项目下 picture 的文件夹下，因此可以用相对路径来表示。标签中的文本可以通过 setFont() 方法来设置字体及大小。

5.5　按　　钮

Swing 中的按钮组件可以响应事件，按钮可以有文本信息提示，也可以有图标，接下来介绍 JButton、JRadioButton 和 JCheckBox 这三种常用的按钮组件。

1. JButton 提交按钮

JButton 是最常见的按钮组件，它可以提交信息，单击按钮能够产生事件，JButton 的构造函数主要有以下几种：

```
public JButton(){}
```

```
public JButton(String text){}               //text 是按钮中显示的文本
public JButton(Icon icon){}                  //icon 是按钮中显示的图标
public JButton(String text,Icon icon){}   //既有文本又有图标
```

创建 JButton 对象时，可以不传入参数，之后对象调用 setText()方法可以设置文本信息，调用 setIcon()方法可以设置图标信息。

用户在单击 JButton 按钮后，会产生事件，根据设置的事件反应程序得到对应的反应。

2. JRadioButton 单选框按钮

JRadioButton 在默认情况下会显示一个圆形图标，旁边有文字信息，一般会用 ButtonGroup 按钮组的形式将多个单选框按钮组合在一起，用户在选择时，只能选择其中的一个，这就是单选框的功能。

JRadioButton 的构造函数主要有以下几种：

```
public JRadioButton(){}
public JRadioButton(String text){}          //text 是按钮中显示的文本
public JRadioButton(Icon icon){}            //icon 是按钮中显示的图标
public JRadioButton(String text,Icon icon){}   //既有文本又有图标
public JRadioButton(Icon icon,boolean selected){}  //selected
                                              表示默认情况下是否被选中
public JRadioButton(String text,Icon icon,boolean selected){}
```

可以看到，JRadioButton 的构造函数和 JButton 的构造函数很相似，不过 JRadioButton 多了一个 boolean 参数 selected，这个参数决定该选择框是否为默认被选中的状态，true 为选中，false 为未选中。

3. JCheckBox 复选框

JCheckBox 在默认情况下会显示一个正方形图标，旁边有文字信息，JCheckBox 和 JRadioButton 的区别在于，JCheckBox 可以任意选择一个或者多个按钮，而 JRadioButton 只能选择一个。

JCheckBox 的构造函数主要有以下几种：

```
public JRadioButton(){}
public JRadioButton(Icon icon,boolean selected){}    //selected
表示默认情况下是否被选中
public JRadioButton(String text,boolean selected){}
```

例 5-7 使用提交按钮、单选框按钮和复选框组件。

【例 5-7】创建 JButtonTest 类，继承 JFrame，实现性别的单选框，爱好的多选框，并且设置提交按钮，在提交后弹出窗口确认提交成功，在主函数中测试结果。

```
import java.awt.*;
import java.awt.event.ActionEvent;
import java.awt.event.ActionListener;
```

```java
import javax.swing.*;

public class JButtonTest extends JFrame {
    public JButtonTest(){
        //设置容器
        Container c=getContentPane();
        c.setLayout(new FlowLayout());
        //设置单选框
        JLabel jl1=new JLabel("性别:");
        JRadioButton jr1=new JRadioButton("男",true);
        JRadioButton jr2=new JRadioButton("女");
        ButtonGroup bg=new ButtonGroup();
        bg.add(jr1);
        bg.add(jr2);
        JPanel jp1=new JPanel();
        jp1.add(jl1);
        jp1.add(jr1);
        jp1.add(jr2);
        //设置复选框
        JLabel jl2=new JLabel("爱好:");
        JCheckBox jb1=new JCheckBox("阅读");
        JCheckBox jb2=new JCheckBox("旅行");
        JCheckBox jb3=new JCheckBox("唱歌");
        JCheckBox jb4=new JCheckBox("运动");
        JPanel jp2=new JPanel();
        jp2.add(jl2);
        jp2.add(jb1);
        jp2.add(jb2);
        jp2.add(jb3);
        jp2.add(jb4);
        //设置提交按钮
        JButton jbt=new JButton("确认");
        jbt.setBounds(4,4,4,4);
        c.add(jp1);
        c.add(jp2);
        c.add(jbt);
        //设置提交后的弹出窗口
```

```
JDialog jd=new JDialog(this,"提交成功", true);
jd.setSize(220,150);
jd.setLocation(400,300);
JLabel jl3=new JLabel("信息已经提交", JLabel.CENTER);
jd.add(jl3);
//设置窗口属性
this.setSize(300,200);
this.setLocation(700,500);
this.setDefaultCloseOperation(JFrame.EXIT_ON_CLOSE);
this.setVisible(true);
//设置提交的事件反应
jbt.addActionListener(new ActionListener(){
    public void actionPerformed(ActionEvent e){
        jd.setVisible(true);
    }
});
}

public static void main(String[] args){
    new JButtonTest();
}
}
```

运行该程序，结果如图 5-9 所示。

单击"确认"后弹出窗口，如图 5-10 所示。

图 5-9 单选框和多选框的应用

图 5-10 单选框和多选框单击按钮后弹出的窗口

在例 5-7 中，"性别"使用了单选框，"爱好"使用了复选框，最后"确认"为提交按钮。性别中的 **JRadioButton** 要在同一个 **ButtonGroup** 才能实现单选，否则无法实现在多个单选框中只能选择一个。提交之后设置的事件响应为弹出"提交成功"的窗口。

5.6 布局管理器

布局管理器提供规定 Swing 组件在容器中的布局、位置和大小功能。如果没有布局管理器，一个组件在容器中的位置和大小需要程序编写人员逐一规定，当有多个组件时，会变得非常烦琐，而且可能还会出现冲突。因此，Swing 提供布局管理器来帮助程序员管理容器的组件布局，布局管理器主要有三种，即边界布局管理器、流布局管理器和网格布局管理器。

5.6.1 边界布局管理器

边界布局管理器是 JFrame 和 JDialog 默认的布局模式，如果不设置任何布局管理器，容器中的组件会以边界布局管理器的模式排列。

边界布局管理器将容器分为北（North）、南（South）、西（West）、东（East）和中（Center），如图 5-11 所示。

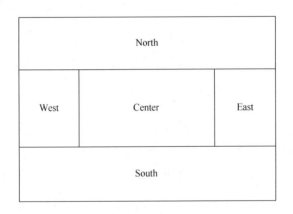

图 5-11　边界布局管理器布局图

当一个组件被添加到边界布局的容器中去时，可以指定放置在这五个区域的位置，如果不指定，就会默认被放置在 Center。如果有两个以上的组件被放置在了同一区域，无论是指定的还是未指定默认导致的，先添加的组件会被覆盖掉，不会再在该区域显示，只显示最后添加的组件。指定组件位置可以调用 add（String s，Component c）方法添加组件，s 是表示位置的字符串，可以直接写字符串形式，也可以使用 BorderLayout 类中的字符常量（BorderLayout.NORTH、BorderLayout.WEST、BorderLayout.CENTER、BorderLayout. EAST 和 BorderLayout.SOUTH）。

在窗体显示上，North 和 South 各占一行，West、Center 和 East 共占一行。如果某个区域没有组件，Center 会占据该区域的位置。区域之间的垂直间距和水平间距可以在调用边界布局管理器的构造函数时设置，也可以在创建后调用相应方法时设置。

BorderLayout 有两种常见的构造函数：

```
BorderLayout():
```

```
BorderLayout(int hgap,int vgap):
```

hgap 为区域间的垂直间距，vgap 为区域间的水平间距。除了通过构造函数的参数来设置间距外，还可以通过 setHgap（int hgap）和 setVgap（int vgap）方法来设置间距。

【例 5-8】创建 BorderLayoutTest 类，继承 JFrame，在构造函数中设置容器布局为边界布局管理器，并设置区域间距，在五个区域分别设置一个按钮组件，在主函数中测试结果。

```java
import java.awt.*;
import javax.swing.*;


public class BorderLayoutTest extends JFrame {
    public BorderLayoutTest(){
        //设置位置数组
        String[]location={BorderLayout.NORTH,BorderLayout.WEST,
"Center", "East", "South" };
        Container c=getContentPane();
        //设置边界布局管理器
        c.setLayout(new BorderLayout(2,2));
        for(int i=0;i<5;i++){
            c.add(location[i], new JButton("Button"+(i+1)));
        }
        this.setSize(300,200);
        this.setLocation(700,500);
        this.setDefaultCloseOperation(JFrame.EXIT_ON_CLOSE);
        this.setVisible(true);
    }

    public static void main(String[] args){
        new BorderLayoutTest();
    }
}
```

运行该程序，结果如图 5-12 所示。

在例 5-8 中，将区域的垂直间距和水平间距都设置为 2，在初始化位置字符数组的时候，既使用了 BorderLayout 类的常量，又直接使用了字符串，两者的值是一样的。最后，在循环中向容器中添加组件并指定位置。

图 5-12　边界布局管理器的应用

5.6.2　流布局管理器

流布局管理器是 **JPanel** 默认的布局模式，流布局是像流一样布满容器，组件一行排列完之后再到下一行。流布局管理器可以设置对齐方式，它决定着组件添加到行时是从行的左边、中间还是右边开始排列，分别对应着左对齐、居中对齐和右对齐。需要注意的是，无论是哪种对齐方式，组件的排列顺序是一定的。例如左对齐，第一个组件排列在最左边，下一个组件从前一个组件的右边添加进去；右对齐，第一个组件排列在最右边，下一个组件依然是按照从左到右的顺序添加到前一个组件的右边，这时前一个组件会往前挪。因此，对齐方式并不会影响组件的排列顺序。

流布局管理器（**FlowLayout**）的构造函数主要有以下几种：

```
public FlowLayout():               //默认居中对齐,垂直和水平间距为 5 像素
public FlowLayout(int align): //align 为决定居中方式的参数
public FlowLayout(int align,int hgap,int vgap): //hgap 为垂直间
                                          距, vgap 为水平间距
```

align 决定流布局管理器的对齐方式，有五个值，0 或者 **FlowLayout.LEFT**、1 或者 **FlowLayout.CENTER**、2 或者 **FlowLayout.RIGHT**、3 或者 **FlowLayout.LEADING**、4 或者 **FlowLayout.TRAILING**，分别对应左对齐、居中对齐、右对齐、与容器开始边对齐、与容器结束边对齐，其他传入的数值则默认为左对齐。

【例 5-9】创建 FlowLayoutTest 类，继承 JFrame，在构造函数中将窗体容器设置为流布局管理器，并设置居中对齐，垂直和水平间距都为 2，向容器内添加八个按钮组件，在主函数中初始化测试结果。

```java
import java.awt.*;
import javax.swing.*;

public class FlowLayoutTest extends JFrame {
    public FlowLayoutTest(){
        Container c=getContentPane();
        //设置容器为流布局管理器
        c.setLayout(new FlowLayout(1,2,2));
        for(int i=0;i<8;i++){
            c.add(new JButton("Button"+(i+1)));
        }
        //设置窗体属性
        this.setSize(300,200);
        this.setLocation(700,500);
        this.setDefaultCloseOperation(JFrame.EXIT_ON_CLOSE);
        this.setVisible(true);
```

```
    }

    public static void main(String[] args){
        new FlowLayoutTest();
    }
}
```

运行该程序，结果显示如图 5-13 所示。

在例 5-9 中，在初始化流布局管理器时就设置了对齐方式和间距，如果不在初始化时设置，也可以用对象调用 setAlignment（int align）方法设置对齐方式，调用 setHgap（int hgap）方法设置垂直间距，调用 setVgap（int vgap）方法设置水平间距。

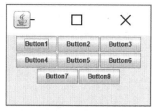

图 5-13　流布局管理器的应用

5.6.3　网格布局管理器

网格布局管理器（GridLayout）将容器划分为 $m \times n$ 的网格，组件加入容器中的次序决定了组件的位置，组件加入网格中时按照从左到右、从上到下的顺序。容器大小改变，网格相对位置不变，大小改变，组件加入网格时会充满整个网格。

和前面两种布局管理器一样，网格布局管理器也可以设置垂直间距和水平间距，它所设置的为网格间的间距。网格布局管理器的网格划分，也就是 m 和 n 的值，其中最多只能有一个为 0，0 代表不限，如 6×0 代表行数为 6，不限制有多少列，如果组件个数除以行数没有余数，则列数为组件个数除以行数得到的商，如果有余数，则列数为组件个数除以行数得到的商加 1。例如组件个数为 26，那么列数就为 5，前五行排满，第六行有一个组件。如果是 0×6，代表不限行数，列数为 6，组件按照每行 6 个排列即可。

GridLayout 的构造函数主要有以下几种：

```
public GridLayout():
public GridLayout(int rows,int cols):   //rows 为行数,cols 为列数
public GridLayout(int rows,int cols,int hgap,int vgap): //hgap
                                      为垂直间距, vgap 为水平间距
```

如果没有在构造函数中设置行列数或者间距值，可以使用对象调用 setRows（int rows）方法设置行数，调用 setColumns（int cols）方法设置列数，调用 setHgap（int hgap）设置网格间的垂直间距，调用 setVgap（int vgap）方法设置网格间的水平间距。

【例 5-10】创建 GridLayoutTest 类，继承 JFrame，在构造函数中设置窗体容器为网格布局管理器，创建按钮组件添加到容器中，在主函数中测试结果。

```
import java.awt.*;
import javax.swing.*;
```

```
public class GridLayoutTest extends JFrame {
    public GridLayoutTest(){
        Container c=getContentPane();
        //设置容器为网格布局管理器
        c.setLayout(new GridLayout(0,4,2,2));
        for(int i=0;i<11;i++){
            c.add(new JButton("Button"+(i+1)));
        }
        //设置窗体属性
        this.setSize(300,200);
        this.setLocation(700,500);
        this.setDefaultCloseOperation(JFrame.EXIT_ON_CLOSE);
        this.setVisible(true);
    }

    public static void main(String[] args){
        new GridLayoutTest();
    }
}
```

运行该程序，结果显示如图 5-14 所示。

在例 5-10 中，将网格布局设置为列数为 4，行数不限，垂直和水平间距均为 2，可以看到，按钮组件在网格中是按照添加到容器的次序，从上到下、从左到右排列的。

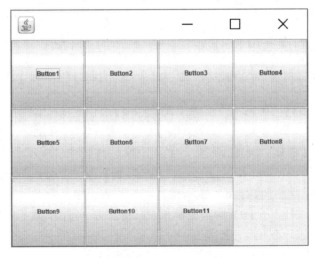

图 5-14   网格布局管理器的应用

　　以上是边界布局管理器、流布局管理器和网格布局管理器这三种布局管理器的介绍。如果不想用到布局管理器，也可以用绝对布局来规定组件位置和大小，不过由于容器都有默认的布局管理器，需要先调用 setLayout（null）来设置容器没有布局管理器，接着组件调用 setBounds（int x, int y, int width, int height）来设置组件的布局，其中（x, y）为组件的位置，width 为组件的宽度，height 为组件的高度。

5.7　文　本　框

　　文本框组件（JTextField）显示或者编辑一行的文本，它的构造函数主要有以下几种：

```
public JTextField():
public JTextField(String text):
public JTextField(int length):
public JTextField(String text,int length):
```

　　其中 text 为文本框内初始显示的文本，length 为文本框的长度。

　　除了文本框组件外，还有其他几种常用的文本组件，如密码框组件和文本域组件。下面来介绍这两种组件。

　　密码框组件（JPassWordField）和文本框组件类似，不同的是密码框组件可以用于输入密码类型的数据，JPassWordField 的构造函数和 JTextField 的类似，主要有以下几种：

```
public JPassWordField():
public JPassWordField(String text):
public JPassWordField(int length):
public JPassWordField(String text,int length):
```

　　文本域组件（JTextArea）可以显示和编辑多行文本，这是它和 JTextField 最主要的区别，后者只能编辑单行文本。JTextArea 的构造函数主要有以下几种：

```
public JTextArea():
public JTextArea(String text):
public JTextArea(int rows,int columns):
```

　　text 为初始显示的文本内容，rows 为文本域的长，columns 为文本域的宽。

　　【例 5-11】创建 JTextTest 类，继承 JFrame，在构造函数中设置用户文本框、密码框、简介文本域组件，并设置对应标签组件，将组件添加到容器中，在主函数中测试结果。

```
import java.awt.*;
import javax.swing.*;

public class JTextTest extends JFrame {
    public JTextTest(){
        Container c=getContentPane();
        //设置容器为流布局管理器
        c.setLayout(new FlowLayout(0));
```

```
        //设置提示标签
        JLabel jl1=new JLabel("用户:");
        JLabel jl2=new JLabel("密码:");
        JLabel jl3=new JLabel("简介:");
        //设置文本框
        JTextField jf=new JTextField("手机号/用户名/邮箱", 12);
        //设置密码框
        JPassWordField jp=new JPassWordField(12);
        //设置文本域
        JTextArea ja=new JTextArea(12,20);
        c.add(jl1);
        c.add(jf);
        c.add(jl2);
        c.add(jp);
        c.add(jl3);
        c.add(ja);
        //设置窗体属性
        this.setSize(300,200);
        this.setLocation(700,500);
        this.setDefaultCloseOperation(JFrame.EXIT_ON_CLOSE);
        this.setVisible(true);
    }

    public static void main(String[] args){
        new JTextTest();
    }
}
```

运行该程序，结果显示如图 5-15 所示。

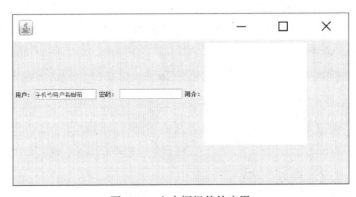

图 5-15　文本框组件的应用

在例 5-11 中，设置了三个标签组件提示文本组件的作用，用户为文本框组件，只需编辑一行文本，初始文本内容设为"手机号/用户名/邮箱"，提示文本框输入的数据类型，密码为密码框组件，输入密码时不显示出具体内容，简介为文本域组件，可编辑多行文本内容。

5.8　列　表　框

列表框（JList）组件提供多个列表项选择，列表框的窗口是固定的。JList 的构造函数有以下四种：

```
public JList():
public JList(ListModel dataModel):
public JList(Object[] listData):
public JList(Vector listData)
```

列表项可以被封装在 ListModel、Object 和 Vector 中作为参数传入，其中 ListModel 是 Swing 包中的一个接口，为了不完全实现该接口的方法，用抽象方法 AbstarctListModel 实现 ListModel 中的部分方法，用户可以自定义类，继承 AbstarctListModel 类实现方法。AbstarctListModel 类中有两个方法，即 getElementAt()和 getSize()，前者是通过索引返回列表项的值，后者是返回列表中列表项的个数。

【例 5-12】创建 JListTest 类，继承 JFrame，在构造函数中设置学历的列表框，并分别以三种方式来构造学历列表框，并且创建 MyListModel 类，继承 AbstarctListModel 抽象类，实现其中的两个抽象方法，最后在主函数中测试结果。

```
import java.awt.*;
import java.util.Vector;
import javax.swing.*;

public class JListTest extends JFrame {
    public JListTest(){
        Container c=getContentPane();
        //设置容器为流布局管理器
        c.setLayout(new FlowLayout(0));
        //设置提示标签
        JLabel jl=new JLabel("学历:");
        //设置列表框 1
        JList js1=new JList(new MyListModel());
        //设置列表框 2
        String[]s={"初中及以下","高中","本科","硕士","博士及以上"};
        JList js2=new JList(s);
        //设置列表框 3
```

```
        Vector v=new Vector();
        JList js3=new JList(v);
        v.add("初中及以下");
        v.add("高中");
        v.add("本科");
        v.add("硕士");
        v.add("博士及以上");
        //添加列表框到容器中
        c.add(jl);
        c.add(js1);
        c.add(js2);
        c.add(js3);
        //设置窗口属性
        this.setSize(300,200);
        this.setLocation(700,500);
        this.setDefaultCloseOperation(JFrame.EXIT_ON_CLOSE);
        this.setVisible(true);
    }

    public static void main(String[] args){
        new JListTest();
    }
}


class MyListModel extends AbstractListModel {
    String[]s={"初中及以下","高中","本科","硕士","博士及以上"};

    @Override
    public Object getElementAt(int i){
        return s[i];
    }

    @Override
    public int getSize(){
        return s.length;
    }
}
```

运行该程序，结果显示如图 5-16 所示。

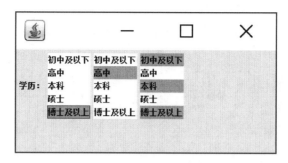

图 5-16　列表框组件的应用

在例 5-12 中，共使用了三种方式来创建"学历"的列表框；第一种是自定义类，继承 AbstarctListModel 抽象类，实现抽象方法 getElementAt()和 getSize()，在构造 JList 时传入自定义类的实例作为参数；第二种是传入 String[]数组作为参数，因为是 Object[]类型的参数，根据多态机制可以直接传入 String[]类型数据；第三种是创建 Vector 变量，再将该变量作为参数传入 JList 构造函数中，变量可以调用 add()方法添加列表项。

5.9　事件处理机制

Java 中的事件处理机制由三个部分组成，即事件源（事件发生者）、事件和事件监听者。它们使得组件具有特定的功能，对组件进行操作能够得到特定的反应。本节将介绍事件响应的过程及实现方法，并详细介绍事件响应中的四种事件。

5.9.1　事件响应

事件源产生事件，事件监听者处理事件，这是事件响应的基本过程。事件源可以是按钮、文本框、列表框组件等，事件源可以有很多，事件监听者需要监听多个事件发生者，一个能够作为事件源的组件，事件监听者如何确定该组件需要被监听呢？因此，事件源就需要注册事件，这样事件监听者就知道了该组件需要被监听。

事件源注册事件使用的方法是 add×××Listener()，方法中传入的参数为事件，事件是实现了事件监听接口的类的对象，Java 中有多种事件类型，不同的事件对应不同的事件监听接口和事件注册方法。事件监听接口是×××Listener，实现监听接口必须实现接口中的方法，方法是响应事件的程序。每一个事件源都能够调用 add×××Listener()和 remove×××Listener()的方法来注册与移除事件。

5.9.2　事件处理的实现方法

事件处理的实现方法有多种，本质上都是实现事件监听接口，再将实现接口的类的对象作为事件注册的参数。因此，事件处理的实现方法的区别就是实现时间监听接口方法的区别。事件处理的实现方法有多种，可以通过自身类、外部类、内部类和匿名内部类等实现，以下重点介绍自身类、匿名内部类。

1. 自身类

自身类就是类本身来实现事件监听接口。

【例 5-13】创建 ListenerTest1 类，实现动作事件监听接口，创建 init()方法，在方法中设置按钮组件并为其注册事件，在主函数中实例化本类并调用 init()方法测试结果。

```java
import java.awt.*;
import java.awt.event.ActionEvent;
import java.awt.event.ActionListener;
import javax.swing.*;

public class ListenerTest1 implements ActionListener {
    JFrame jf=new JFrame("自身类实现事件监听接口");
    Container c=jf.getContentPane();
    //设置弹出窗口
    JDialog jd=new JDialog(jf,"弹出窗口");

    void init(){
        c.setLayout(new FlowLayout());
    //设置按钮
        JButton jb=new JButton("单击");
        //对按钮注册事件
        jb.addActionListener(this);
        c.add(jb);
        //设置窗口属性
        jf.setSize(300,200);
        jf.setLocation(700,500);
        jf.setDefaultCloseOperation(JFrame.EXIT_ON_CLOSE);
        jf.setVisible(true);
    }

    public static void main(String[] args){
        ListenerTest1 lt=new ListenerTest1();
        lt.init();
    }

    @Override
    public void actionPerformed(ActionEvent arg0){
        JLabel jl=new JLabel("单击过了",JLabel.CENTER);
```

```
        jd.add(jl);
        jd.setLocation(700,500);
        jd.setSize(200,200);
        jd.setVisible(true);
    }

}
```

运行该程序，结果显示如图 5-17 所示。

单击按钮后，弹出窗口如图 5-18 所示。

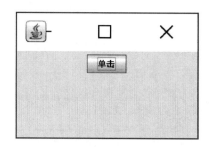

图 5-17　自身类实现事件监听接口

图 5-18　自身类实现事件监听后单击按钮弹出的窗口

在例 5-13 中，自身类实现了动作事件监听接口，在注册事件时使用的语句为 addActionListener（this），如果再添加一个组件并为其注册动作事件，需要一个新的 actionPerformed()方法，但显然自身类中只能有一个 actionPerformed()方法，因此无法再为新组件注册不同的事件，所以自身类不适用于多组件注册不同的事件。

2. 匿名内部类

匿名内部类是在注册事件时使用匿名内部类的方式实现事件监听接口，例 5-14 的功能和例 5-13 一致。

【例 5-14】创建 ListenerTest2，继承 JFrame，在构造函数中创建按钮，并使用匿名内部类为其注册事件，在主函数中测试结果。

```
import java.awt.*;
import java.awt.event.ActionEvent;
import java.awt.event.ActionListener;
import javax.swing.*;

public class ListenerTest2 extends JFrame {
    public ListenerTest2(){
        Container c=getContentPane();
        c.setLayout(new FlowLayout());
```

```
j//设置弹出窗口
JDialog jd=new JDialog(this,"匿名内部类实现事件监听接口");
//设置按钮
JButton jb=new JButton("单击");
//对按钮注册事件
jb.addActionListener(new ActionListener(){
    @Override
    public void actionPerformed(ActionEvent arg0){
        JLabel jl=new JLabel("单击过了",JLabel.CENTER);
        jd.add(jl);
        jd.setLocation(700,500);
        jd.setSize(200,200);
        jd.setVisible(true);
    }
});
c.add(jb);
//设置窗口属性
this.setSize(300,200);
this.setLocation(700,500);
this.setDefaultCloseOperation(JFrame.EXIT_ON_CLOSE);
this.setVisible(true);
}

public static void main(String[] args){
    ListenerTest2 lt=new ListenerTest2();
}
}
```

运行该程序，结果显示如图 5-19 所示。

单击按钮后，弹出窗口如图 5-20 所示。

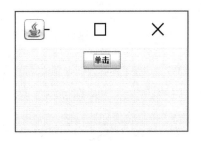

图 5-19　匿名内部类实现事件监听接口　　图 5-20　匿名内部类实现事件监听后单击按钮弹出的窗口

例 5-14 实现的功能和例 5-13 虽然一致，但是注册事件是使用的匿名内部类实现事件监听接口的方式，这种方式可以实现多个组件注册不同的事件，跟自身类相比局限性小得多，使用也更为便捷。因此一般来说，在注册事件时多采用匿名内部类实现接口的方式。

5.9.3　动作事件

动作事件（ActionEvent）是 Swing 中比较常用的事件类型，在例 5-13、例 5-14 中组件所注册的就是动作事件。动作事件监听器的接口是 ActionListener，接口中只有一个方法 actionPerformed()，在实现接口时必须实现该方法。不妨回顾一下例 5-14 中动作事件监听的内容：

```
jb.addActionListener(new ActionListener(){
    @Override
    public void actionPerformed(ActionEvent arg0){
            JLabel jl=new JLabel("单击过了",JLabel.CENTER);
            jd.add(jl);
            jd.setLocation(700,500);
            jd.setSize(200,200);
            jd.setVisible(true);
        }
});
```

动作事件在组件发生一些动作时会触发事件，在例 5-14 中，单击按钮会触发动作事件，触发的事件在 actionPerformed()中表现，例 5-14 中，单击按钮会弹出一个窗口，窗口中有标签提示"单击过了"。

5.9.4　焦点事件

焦点事件（FocusEvent）是组件在获取或者失去焦点时产生的事件。焦点事件的事件监听接口是 FocusListener，实现接口时需要实现两个方法：

```
public void focusGained(FocusEvent e)      //获取焦点时调用
public void focusLost(FocusEvent e)        //失去焦点时调用
```

例 5-15 为文本框焦点事件，当文本框失去焦点时弹出窗口提醒输入。

【例 5-15】创建 FocusEventTest 类，继承 JFrame，在构造函数中设置一个文本框和一个文本域，当焦点离开文本框到文本域上时，弹出窗口提醒在文本框中输入信息，在主函数中测试结果。

```
import java.awt.*;
import java.awt.event.FocusEvent;
```

```java
import java.awt.event.FocusListener;

import javax.swing.*;

public class FocusEventTest extends JFrame {
    public FocusEventTest(){
        Container c=getContentPane();
        c.setLayout(new FlowLayout());
        //设置文本框
        JTextField jf=new JTextField("请输入信息",10);
        JTextArea ja=new JTextArea(10,10);
        c.add(jf);
        c.add(ja);
        //为文本框注册焦点事件
        jf.addFocusListener(new FocusListener(){
            @Override
            public void focusGained(FocusEvent arg0){
            }

            @Override
            public void focusLost(FocusEvent arg0){
                JOptionPane.showMessageDialog(null,"请在文本框中
                    输入信息");
            }
        });
        //设置窗口属性
        this.setSize(300,200);
        this.setLocation(700,500);
        this.setDefaultCloseOperation(JFrame.EXIT_ON_CLOSE);
        this.setVisible(true);
    }

    public static void main(String[] args){
        new FocusEventTest();
    }
}
```

运行该程序，结果显示如图 5-21 所示。

当焦点移到文本域时，弹出窗口如图 5-22 所示。

图 5-21　焦点事件的应用　　　　　　　　　图 5-22　焦点事件应用中弹出的窗口

在例 5-15 中，为文本框组件注册了焦点事件，实现了焦点事件监听接口中的两个方法，设置失去焦点的方法为弹出窗口提醒在文本框中输入信息。因此，当焦点从文本框移到文本域时，弹出提醒窗口。

5.9.5　键盘事件

键盘事件（KeyEvent）是按下或者释放键盘时会触发的事件，键盘事件监听接口是 KeyListener，实现该接口需要实现三个方法：

```
public void keyPressed(KeyEvent e)      //按下键时调用
public void keyReleased(KeyEvent e)     //松开键时调用
public void keyTyped(KeyEvent e)        //敲击键时调用
```

键盘事件常用的方法有

```
getKeyChar()        //获取与此事件相关的字符
isControlDown()     //是否按下了 Ctrl 键
isAltDown()         //是否按下 Alt 键
isShiftDown()       //是否按下 Shift 键
```

下面以文本框内按下 Ctrl 键后弹出窗口为例进行说明。

【例 5-16】创建 KeyEventTest 类，继承 JFrame，在构造函数中创建一个文本框，为其添加键盘事件，当按下 Ctrl 键时弹出窗口，将文本框添加到窗体容器中，在主函数中测试结果。

```java
import java.awt.*;
import java.awt.event.KeyEvent;
import java.awt.event.KeyListener;

import javax.swing.*;

public class KeyEventTest extends JFrame {
    public KeyEventTest(){
```

```java
        Container c=getContentPane();
        c.setLayout(new FlowLayout());
        //设置文本框
        JTextField jf=new JTextField("请输入信息", 10);
        c.add(jf);
        //为文本框注册键盘事件
        jf.addKeyListener(new KeyListener(){
            @Override
            public void keyPressed(KeyEvent arg0){
                if(arg0.isControlDown()){
                        JOptionPane.showMessageDialog(null,"按下
                            Ctrl键");
                }
            }

            @Override
            public void keyReleased(KeyEvent arg0){
            //TODO Auto-generated method stub
            }

            @Override
            public void keyTyped(KeyEvent arg0){
            //TODO Auto-generated method stub
            }
        });
        //设置窗口属性
        this.setSize(300,200);
        this.setLocation(700,500);
        this.setDefaultCloseOperation(JFrame.EXIT_ON_CLOSE);
        this.setVisible(true);
    }

    public static void main(String[] args){
        new KeyEventTest();
    }
}
```

运行该程序，结果显示如图 5-23 所示。

当在文本框内按下 Ctrl 键时，弹出窗口如图 5-24 所示。

图 5-23　键盘事件的应用　　　　　　　　　　图 5-24　键盘事件应用时弹出的窗口

在例 5-16 中，为文本框注册了键盘事件，实现了键盘事件监听接口，实现了接口的三个方法，其中，在按下键盘的方法中，使用 isControlDown()方法来获取是否按下 Ctrl 键的结果，如果按下则弹出窗口。

5.9.6　鼠标事件

鼠标事件（MouseEvent）是鼠标在移入、移出组件、单击，按下和释放时触发的事件，鼠标事件监听接口是 MouseListener，实现该接口需要实现以下方法：

```
public void mouseEntered(MouseEvent e);      //光标移入组件
publci void mousePressed(MouseEvent e);      //鼠标按键被按下
public void mouseReleased(MouseEvent e);     //鼠标按键被释放
publci void mouseClicked(MouseEvent e);      //单击
public void mouseExited(MouseEvent e);       //光标移出组件
```

鼠标事件常用的方法有

```
getSource()        //获得组件
getButton()        //获得事件按键 int 值
getClickCount()    //获得单击按键次数
```

下面以文本框内单击次数达到 10 次以后弹出窗口为例进行说明。

【例 5-17】创建 MouseEventTest 类，继承 JFrame，在构造函数中创建一个文本框，为其注册鼠标事件，当在文本框内单击达到 10 次时弹出窗口，将文本框添加到窗口容器，在主函数中测试结果。

```java
import java.awt.*;
import java.awt.event.MouseEvent;
import java.awt.event.MouseListener;

import javax.swing.*;

public class MouseEventTest extends JFrame {
    public MouseEventTest(){
        Container c=getContentPane();
```

```
        c.setLayout(new FlowLayout());
        //设置文本框
        JTextField jf=new JTextField("请输入信息",10);
        c.add(jf);
        //为文本框注册鼠标事件
        jf.addMouseListener(new MouseListener(){

            @Override
            public void mouseClicked(MouseEvent arg0){
                if(arg0.getClickCount()==10){
                    JOptionPane.showMessageDialog(null,"单击次数
                        已达 10 次上限");
                }
            }

            public void mouseEntered(MouseEvent arg0){
            }

            public void mouseExited(MouseEvent arg0){
            }

            public void mousePressed(MouseEvent arg0){
            }

            public void mouseReleased(MouseEvent arg0){
            }
        });
        //设置窗口属性
        this.setSize(300,200);
        this.setLocation(700,500);
        this.setDefaultCloseOperation(JFrame.EXIT_ON_CLOSE);
        this.setVisible(true);
    }

    public static void main(String[] args){
        new MouseEventTest();
    }
}
```

运行程序，结果显示如图 5-25 所示。

在文本框内单击达到 10 次后，弹出窗口如图 5-26 所示。

图 5-25　鼠标事件的应用

图 5-26　鼠标事件应用时弹出的窗口

在例 5-17 中，为文本框注册了鼠标事件，实现了鼠标事件监听接口的五个方法，在鼠标单击的方法中，使用 getClickCount()方法获取鼠标在文本框内单击次数，使单击次数达到 10 次后弹出窗口。

5.10　菜单栏和工具栏

Swing 提供一系列组件来实现为窗口添加菜单栏和工具栏的功能，下面将详细介绍如何实现菜单栏和工具栏。

5.10.1　菜单栏

菜单栏包括三个组件：JMenuBar（菜单条）、JMenu（菜单）和 JMenuItem（菜单项）。菜单项是菜单组件，菜单添加在菜单项中，菜单选项又添加在菜单中。

下面来看一个为窗口添加菜单栏的例子。

【例 5-18】创建 MenuTest 类，继承 JFrame，设置菜单栏，菜单栏包含一级菜单和二级菜单，菜单栏下面提供文本域作为输入区域，在主函数中测试结果。

```java
import javax.swing.*;

public class MenuTest extends JFrame {
    public MenuTest(){
        JMenuBar jmb;                                    //菜单条
        JMenu menu1,menu2,menu3,menu4,menu5;             //菜单
        JMenuItem item1,item2,item3,item4,item5,item6,item7,item8,
            item9,item10,pic,table;                      //菜单项
        JMenu insert;                                    //二级菜单
        JTextArea jta;
```

```java
//创建菜单
jmb=new JMenuBar();
//创建一级菜单
menu1=new JMenu("文件");
menu2=new JMenu("编辑");
menu3=new JMenu("格式");
menu4=new JMenu("查看");
menu5=new JMenu("帮助");
//文件下的菜单选项
item1=new JMenuItem("新建");
item2=new JMenuItem("打开");
item3=new JMenuItem("保存");
item4=new JMenuItem("另存为");
item5=new JMenuItem("页面设置");
item6=new JMenuItem("打印");
item7=new JMenuItem("退出");
//编辑下的菜单选项
item8=new JMenuItem("复制");
item9=new JMenuItem("粘贴");
item10=new JMenuItem("剪切");
//创建二级菜单
insert=new JMenu("插入");

//二级菜单下的菜单选项
pic=new JMenuItem("图片");
table=new JMenuItem("表格");
jta=new JTextArea();

//添加菜单选项到二级菜单上
insert.add(pic);
insert.add(table);
//为文件添加菜单选项
menu1.add(item1);
menu1.add(item2);
menu1.add(item3);
menu1.add(item4);
menu1.addSeparator();
```

```
        menu1.add(item5);
        menu1.add(item6);
        menu1.addSeparator();
        menu1.add(item7);
        //为编辑添加菜单选项
        menu2.add(item8);
        menu2.add(item9);
        menu2.add(item10);
        menu1.addSeparator();
        menu2.add(insert);
        //将菜单加入菜单栏
        jmb.add(menu1);
        jmb.add(menu2);
        jmb.add(menu3);
        jmb.add(menu4);
        jmb.add(menu5);
        //添加文本域，并为其设置滚动条
        jta=new JTextArea();
        JScrollPane jsp=new JScrollPane(jta);
        jsp.setVerticalScrollBarPolicy(JScrollPane.VERTICAL_
          SCROLLBAR_AS_NEEDED);
        this.setJMenuBar(jmb);
        this.add(jta);
        this.setSize(700,600);
        this.setLocation(700,500);
        this.setDefaultCloseOperation(JFrame.EXIT_ON_CLOSE);
        this.setVisible(true);
    }

    public static void main(String[] args){
        new MenuTest();
    }
}
```

运行该程序，结果显示如图 5-27 所示。

单击"文件"查看菜单选项，如图 5-28 所示。

单击"编辑"查看菜单选项，并且单击"插入"查看二级菜单，如图 5-29 所示。

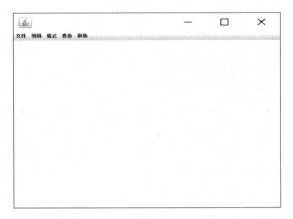

图 5-27　菜单栏的应用

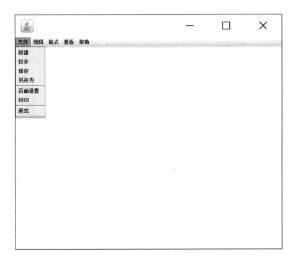

图 5-28　菜单栏中单击"文件"

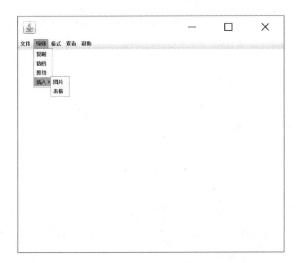

图 5-29　菜单栏中单击"编辑"下的"插入"

　　在例 5-18 中，为菜单栏设置了一级菜单和二级菜单，菜单项（JMenuBar）包含五个菜单（JMenu），"文件"菜单包含七个菜单选项（JMenuItem），"编辑"菜单包含四个菜单选项，需要注意的是，其中的"插入"是二级菜单，因此它不是 JMenuItem 对象，而是 JMenu 对象，因为它还包含着"图片"和"表格"两个菜单选项。菜单选项之间可以使用 addSeparator()方法来设置划分线。

5.10.2　工具栏

　　在 Swing 中提供工具栏组件来实现为窗口添加工具栏的功能，类似于 Word 中的功能区，单击某个按钮就能提供相应的工具，跟下拉的菜单栏相比，工具栏使用起来更为直接便捷。

　　工具栏的组件有：JToolBar（工具栏）和 JButton（工具按钮）。

　　下面在例 5-18 菜单栏的基础上添加工具栏。

　　【例 5-19】在例 5-18 的基础上设置工具栏，为工具栏添加按钮，在主函数中测试结果。

```
......
JToolBar jtb;  //工具栏
JButton jb1,jb2,jb3,jb4,jb5;
Icon picIcon,tableIcon;
//创建菜单

......
//创建工具条
jtb=new JToolBar();
jb1=new JButton("新建");
jb2=new JButton("打开");
jb3=new JButton();
jb3.setToolTipText("插入图片");
jb3.setSize(50,60);
jb4=new JButton();
jb4.setToolTipText("插入表格");
jb4.setSize(50,60);
jb5=new JButton("打印");
//为按钮设置图标
picIcon=new ImageIcon("picture/pic.png");
Image temp=((ImageIcon)picIcon).getImage().getScaled
  Instance(jb3.getWidth(),jb3.getHeight(),
    ((ImageIcon)picIcon).getImage().SCALE_DEFAULT);
tableIcon=new ImageIcon("picture/table.png");
jb3.setIcon(new ImageIcon(temp));
temp=((ImageIcon)tableIcon).getImage().getScaledInstance
```

```
          (jb4.getWidth(),jb4.getHeight(),
            ((ImageIcon)tableIcon).getImage().SCALE_DEFAULT);
       jb4.setIcon(new ImageIcon(temp));
       //向工具栏中添加按钮
       jtb.add(jb1);
       jtb.add(jb2);
       jtb.addSeparator();
       jtb.add(jb3);
       jtb.addSeparator();
       jtb.add(jb4);
       jtb.addSeparator();
       jtb.add(jb5);
       //添加文本域，并为其设置滚动条
       ……
       this.add(jtb,BorderLayout.NORTH);
       this.add(jta);
       //设置窗口属性
         ……
     }

   public static void main(String[] args){
       new MenuTest();
     }
}
```

运行该程序，结果显示如图 5.30 所示。

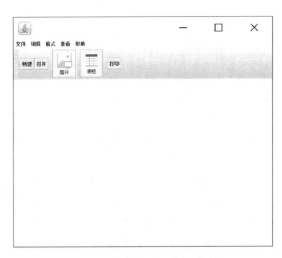

图 5-30　在窗体中添加工具栏

本例 5-19 在菜单栏的基础上添加了工具栏，工具栏添加到窗体时需要指定位置，否则会被遮掩。工具栏包含五个按钮，其中有两个按钮显示图标，图标的大小需要做一定的调整，按钮的大小设置为和图标大小一致，按钮可以通过调用 setToolTipText()方法来设置当鼠标移至按钮上时显示提示信息。

5.11　小　　结

本章介绍了 Java 中的轻量型图形用户界面工具包 Swing 组件，Swing 中包含组件和容器两个元素，容器分为顶级容器和中间层容器，其中中间层容器必须包含在其他容器中。

Swing 中的窗体主要有 JFrame 和 JDialog，它们都是顶级容器，JDialog 是弹出窗体，可以设置模态与非模态，规定在解决弹出窗体前能否操作其他的窗体。Swing 中的面板主要有 JPanel 和 JScrollPane，后者为滚动面板。

Swing 中的标签组件是 JLabel，可以为标签设置文本内容、图标等，图标可以分为两类，即绘制图标和将图片作为图标。JButton 是按钮组件，可以设置按钮中显示的信息，也可以在按钮中添加图标，这和标签中添加图标的方式是一致的。

布局管理器可以管理窗体的布局，设置组件的位置和大小，Swing 中的布局管理器主要有三种：边界布局管理器、流布局管理器、网格布局管理器。一般容器会有默认的布局管理器，因此如果不使用布局管理器的话，需要将布局管理器设置为 null。

Swing 中的文本框组件提供文本输入区域，主要有文本框和文本域，文本框是单行文本，文本域是多行文本。列表框组件能够显示出多个列表项供选择。

事件处理机制使组件具有功能，实现事件处理的方式有多种，本质上都是实现事件监听接口，一般来说多使用匿名内部类的方式实现事件监听接口。事件类型有动作事件、焦点事件、键盘事件和鼠标事件。不同的事件需要实现不同的事件监听接口并实现接口中的方法。

菜单栏和工具栏组件可以为窗体提供菜单功能和工具栏功能，菜单栏组件包括菜单项、菜单和菜单选项，工具栏包括工具项和工具按钮。菜单栏可以有多级菜单，工具栏的按钮中可以添加图标。

5.12　习　　题

1. 请解释 Swing 和 Awt 的区别。
2. 请简单描述几个 Swing 中的窗体。
3. 请描述标签和按钮组件中使用图标的方式。
4. 请介绍 Swing 中的布局管理器及其与绝对布局的区别。
5. 请解释 Swing 中的事件处理机制是如何实现的。

第6章 异常处理

Java 提供了强大的异常处理机制，能让程序在异常发生时，按照代码预先设定的异常处理逻辑，针对性地处理异常，让程序尽最大可能恢复正常并继续执行，且保持代码的清晰。本章主要介绍 Java 的异常类、异常处理的基本思想，异常处理机制中主要涉及的关键字及其具体的作用，了解如何自定义异常、抛出异常的方法，区分运行时异常与受检查异常。

6.1 异常概述

异常是指程序运行中的非正常现象,它阻止了程序按照程序员的预期正常执行。例如,用户输入错误,运行时存储空间不足,打开的文件不存在,网络连接中断,操作数超过允许范围,想要加载的类文件不存在,试图通过空的引用型变量访问对象,数组下标越界,算数运算错误（数的溢出，被零除）。

程序的纠错能力直接影响到程序的稳定性,如果发生异常而没有及时处理,可能会产生不可预见的效果。然而在进行程序的编写、编译和执行阶段都有可能发生错误,如何得到详细且完整的错误信息,以及如何应对？这些都是所有的程序设计语言必须面对的问题。设计良好的程序应充分考虑各种异常情况,保证在异常发生时及时提供处理这些错误的方法。异常发生时,不同的程序设计语言中都会有关于异常处理的方法。例如,在 C 语言中,主要是利用 if 语句对异常情况进行判断,通过调用函数进行处理。为解决这些问题,Java 提供了更加优秀的解决办法：异常处理机制。

异常处理机制和传统的方法相比,它把错误的代码从常规代码中分离出来单独进行处理,并提供了对于无法预测的错误的捕获和处理,克服了传统方法中错误信息有限的问题。

传统方法的异常处理基本结构：

```
if(条件)
{
    处理办法 1
    处理办法 2
    处理办法 3
}
if(条件)
{
    处理办法 4
```

　　　处理办法 5

　　　处理办法 6

　}

　　显而易见，代码阅读性差，且只能把想到的情况进行考虑，对此以外的异常情况无法处理，所以在 Java 中对其进行了一系列的优化，将一些常见的问题，用面向对象的思考方式，对其进行了描述、封装，当程序出现问题时，调用相应的处理办法并且可以自定义异常。

【例 6-1】 例中为含有两个元素的一个数组，当试图访问数组的第三个元素时，便会抛出一个异常。

```
public class ExcepTest1{
    public static void main(String args[]){
        int a[]=new int[2];
        System.out.println("Access element three:"+a[3]);
    }
}
```

程序运行结果如图 6-1 所示。

图 6-1　例 6-1 运行结果图

　　[说明]输出结果是说在 main 方法中的第五行，出现了一个数组下标越界异常。可以看到，这种提示信息并不友好，可以对其进行改进，详见例 6.2。

【例 6-2】 改进的例 6-1。

```
import java.io.*;
public class ExcepTest2{
    public static void main(String args[]){
      try{
          int a[]=new int[2];
          System.out.println("Access element three:"+a[3]);
      }catch(ArrayIndexOutOfBoundsException e){
        System.out.println("数组下标越界错误，提示信息:"+e);
      }
    }
}
```

}
程序运行结果如图 6-2 所示。

图 6-2　例 6-2 运行结果图

[说明]对比例 6-1，输出信息看起来更加简洁，便于给用户提供更好的体验。

6.2　异常处理机制

Java 的异常处理机制会自动处理一些常见的异常状况，有利于提高工作效率。

Java 中异常处理的基本思想：程序中预先设定针对异常的处理办法，当一个程序在运行过程中遇到了问题并被判定为异常，就自动对其进行处理，处理流程如图 6-3 所示。

异常处理可分为以下流程：

（1）在运行过程中，若是出现异常事件，该方法可构造一个异常类的对象，而该对象代表一个具体异常且封装了异常事件的信息，并将其提交给运行时系统。这个把生成异常类对象并把它提交给运行时系统的过程称为抛出（throw）异常。

（2）当运行时系统接收到异常对象时，会在方法调用堆栈里从生成例外的方法开始进行回溯，直至找到相应的处理方法，并将异常对象处理，这一过程称为捕获（catch）异常。

（3）若是未找到合适的方法，则运行时系统终止执行。

从异常处理的流程可以看出，异常处理有如下两种方式。

（1）自己不处理：抛给上一层处理，由调用它的方法来处理这些异常，使用 throw 关键字声明异常，而不是捕获它们。

（2）自己捕获处理异常对象：因为在 Java 编译期间要求必须对异常进行处理，否则会导致文件无法成功编译，在方法上使用 try、catch、finally 关键字捕获并处理所生成的异常对象，将需要处理的代码块放在 try-catch-finally 结构中。

在处理异常过程中，用到了五个关键字（try、catch、finally、throw、throws），具体可分为以下几种方法。

（1）使用 try-catch-finally 类结构。

（2）使用 throws 子句声明抛出异常。

（3）使用 throw 语句抛出异常。

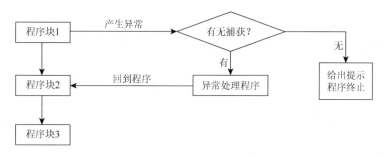

图 6-3　异常处理流程——抛抓模型

6.2.1　try-catch

1）try 语句块

try 语句块里存放的是可能出现异常的代码，这段代码在执行过程中，若是出现异常情况，自这段语句的下一条语句起，所有 try 语句块中的剩余语句将被跳过不予执行，最后可能会产生并抛出一种或多种类型的异常对象，位于其后的 catch 语句要分别对这些异常做相应的处理。若未发生异常情况，所有 catch 代码段都不会执行。

2）catch 语句块

catch 语句块用于处理 try 语句块中捕获的异常。当程序在运行过程中发生异常状况，会转向执行放在 catch 语句块中的代码，以此来避免程序运行的非正常终止，使程序具有较强的纠错能力，变得更加稳定。

每个 catch 语句可以处理一个特定的异常，catch 语句可以有多个，也可以没有。因为在 try 语句块执行过程中产生并抛出的异常对象可能是一个或多个，这就需要多个 catch 语句块处理不同类型的异常对象。

catch 语句块只需一个形式参数，参数类型就是它能够捕获的异常类型，并且这个类必须是 Throwble 类的子类。当参数符合以下三个条件之一时，就认为这个参数与产生的异常匹配成功。

（1）参数与产生的异常属于一个类。

（2）参数是产生的异常的父类。

（3）参数是一个接口时，产生的异常实现了这一接口。

另外，值得强调的一点是，捕获异常的顺序和不同 catch 语句块的顺序有关。如果捕获的若干异常之间有继承关系，在安排 catch 语句块的顺序时，应该先安排特殊的异常类对象，然后再一般化，也就是说前面的 catch 语句块中的异常类应该是后面 catch 语句块中异常类的子类，否则产生编译错误。

3）finally 语句块

finally 语句块是为异常处理提供的一个清理机制，是可选项，也就是可以没有，也可以只有一个。但如果没有 catch 语句块，finally 语句块就必须出现。try 所限定的代码中，当抛出一个异常时，其后的代码不会被执行。此时，通过 finally 语句块可以指定一块代码，不管是否有异常抛出及异常是否被捕获，块中代码都要被执行，而且总是在这个异常处理结构的最后运行。即使在 try 语句块内用 return 返回了，在返回前，finally 仍然要执行，这样可以方便在异常处理最后做一些清理工作，如关闭文件、释放资源等。简而言之，该块一般作为 try-catch-finally 结构的统一出口，方便对程序的状态做统一的管理。

try-catch 结构的一般格式为：

```
try{可能发生异常代码}        //抛出例外
catch(异常类 1 参数 1){     //捕获例外
    异常处理代码 1}         //异常处理
catch(异常类 2 参数 2){
    异常处理代码 2}
    …
catch(异常类 n 参数 n){
    异常处理代码 n}
finally{最后处理的代码}
```

如果没有特别的资源需要释放可以选择用 try-catch 结构，而如果有一些清理工作如关闭数据库链接等则需要使用 try-catch-finally 结构。

try-catch-finally 匹配流程：若 try 语句块内出现异常，程序自动按照 catch 语句排列的顺序由上到下地查找最为接近的异常进行匹配，若匹配成功，剩下的 catch 语句块便不再进行匹配（即只能捕获一次），接着去执行相应的处理代码。若是逐个查找完毕还未成功匹配，则该异常由系统内置的缺省程序处理，终止程序的执行。最后才执行 finally 子句中的代码。

若是 try 语句块中没有抛出异常，则跳过 catch 子句，直接去执行 finally 中的代码，如图 6-4 所示。

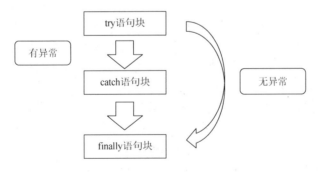

图 6-4　try-catch-finally 流程图

【例 6-3】演示使用 try-catch 结构来处理异常的方法。

```java
public class TrycatchTest {
    public static void main(String args[]){
        int array[]={20,20,40};
```

```
        int num1=15,num2=10;
        int result=10;
        try{
            result=num1/num2;
            System.out.println("结果为 "+result);
            for(int i=5;i>=0;i--){
                System.out.println("数组的元素值为 "+array[i]);
            }
        }
        catch(Exception e){
            System.out.println("触发异常:"+e);
        }
    }
}
```

程序运行结果如图 6-5 所示。

图 6-5 例 6-3 运行结果图

[说明]程序首先执行 try 语句块中的语句，执行 result = 15/10 得到"结果为 1"的输出信息，接着往下执行语句，由于数组中一共有三个元素，而在 for 语句中出现数组下标越界情况，触发异常。

6.2.2 try-catch-finally

语法注意事项如下。

（1）try、catch、finally 均不能单独使用。一个 try 语句块必须有一个 catch 语句块或 fianlly 语句块，必须与 try 语句块搭配使用，finally 语句块只能有一个。因此组成以下三种结构：try-catch、try-finally、try-catch-finally。

（2）try、catch、finally 三个代码块中变量作用范围只在代码块的内部，不能相互访问，只有将变量定义到这些块的外面才可以在这三个块中都访问。

【例 6-4】使用 try-catch-finally 处理被零除异常。

```
public class DivideByZeroException{
  public static void main(String args[]){
    try{
        int i,j=0;
        i=15/j;
     }
  catch(ArithmeticException e){
  System.out.println("发生被零除异常");
     }
  finally{                        //无论是否发生异常都要执行该子句
  System.out.println("\nEnd! ");
  System.out.println("\n 程序继续执行，可以正常结束! ");
     }
   }
}
```

程序运行结果如图 6-6 所示。

图 6-6　例 6.4 运行结果图

[说明]try 语句块中为可能产生异常的语句，本例中发生了被零除异常，由 catch 进行捕获并输出了提示信息"发生被零除异常"，最后无论是否发生异常都要执行 finally 子句，本例中无论之前程序运行结果如何，"End!"与"程序继续执行，可以正常结束!"最终都会被输出。

6.3　自定义异常

虽然 Java 定义好的异常种类有许多，但鉴于程序设计的灵活性，Java 中提供的内置异常不一定总能捕获程序中发生的所有错误，因此用户可以自己定义异常的种类。6.2.1 节已提及，Java 异常继承自 Throwable 类，因此自定义的异常依然必须是 Throwable 类的子类。

语法格式为:

class 自定义异常类名　extends Exception

{

异常类体

}

【例 6-5】创建一个名为 MyException 的自定义异常类。

```
public class MyException extends Exception {
    int number;
    MyException(int number)throws Exception {
        this.number=number;
        if(number>0)throw new Exception("数字必须小于0");
            }
        //测试方法
    public static void main(String[] args)throws MyException {
        try {
        MyException MyException=new MyException(1);
        }
        catch(Exception e){
        System.out.print(e.toString());
        }
    }
}
```

程序运行结果如图 6-7 所示。

图 6-7　例 6.5 运行结果图

[说明]在本例中定义了一个名为"MyException"的异常类,该类是 Exception 的子类,在程序中提示用户输入数字必须小于 0,若大于 0,则会输出"数字必须小于 0"的提示信息。

6.4　抛 出 异 常

处理异常有两种方法:一种是利用 try-catch-finally 结构进行捕获处理;另外一种就是

向上传递，让调用者进行处理，这个过程中需要用到 throws 和 throw 子句，声明它抛出的异常，与前一种方法相比，没有捕获异常这个步骤。

6.4.1　throws

throws：用来声明一个方法可能产生的所有异常，不做任何处理，而是将异常往上传，由该方法的调用者来处理。throws 表示出现异常的一种可能性，并不一定会发生这些异常。throws 用在方法声明后，声明了异常的类型，便于调用者捕获异常。throws 可以单独使用，然后再由异常处理的方法捕获。

语法如下：

`[(修饰符)](返回值类型)(方法名)([参数列表])[throws(异常类列表)]{……}`

例如，

`public void function()throws Exception{……}`

方法抛出的异常类是 throws 子句中指定的异常类或其子类。例如，在指明方法可能产生 IOException，但是实际上可能抛出的异常是 Filenotfoundexception 类的实例中，这些异常是 IOException 的子类。

6.4.2　throw

throw：用来抛出一个具体的异常类型。throw 如果执行了，那么一定是抛出了某种异常。它由方法体内的语句处理。在满足一定的条件之后执行了 throw 语句，其后的语句不再执行。throw 不能单独使用，只能和 try-catch-finally 搭配使用，或者与 throws 搭配使用。

语法如下：

throw（异常对象）

若某方法中需要抛出异常，具体步骤如下：首先，应选择合适的异常类；其次，应创建类的一个对象；最后，使用 throw 语句抛出该对象。

【例 6-6】使用 throw 抛出异常。

```
import java.lang.Exception;
public class PriceException {
  static int pay(int x,int y)throws MyException {    //定义方法
                                                       抛出异常

    if(y<0){                                         //判断参数
是否小于 0
      throw new MyException("输入值异常");            //异常信息
    }
    return x/y; //返回值
```

```
        }
    public static void main(String args[]){               //主方法
        int a=50;
        int b=-2;
        try {                                    //try 语句包含可能发生异常的语句
            int result=pay(a,b);                        //调用方法 pay()
        }
catch(MyException e){                                //处理自定义异常
        System.out.println(e.getMessage());      //输出异常信息
    }
catch(ArithmeticException e){       //处理 ArithmeticException 异常
        System.out.println("总金额不能为 0");       //输出提示信息
    }
catch(Exception e){                                //处理其他异常
        System.out.println("程序发生了其他的异常");     //输出提示信息
    }
    }
}
```

程序运行结果如图 6-8 所示。

图 6-8　例 6-6 运行结果图

[说明]程序利用 throws 定义了一个方法声明可能产生的异常,即判断总金额 y 是否为负数,若为负数则利用 throw 抛出具体的异常对象,本例中总金额 y 的值为-2,所以输出提示信息"输入值异常"。

两者同时出现时,throws 出现在函数头,throw 出现在函数体,两种不会由函数去处理,而是由函数的上层调用处理。

最后要注意避免异常的过度使用。过多地使用异常机制,程序的执行速度会明显降低,因为异常对象的实例化等后续操作非常耗费资源,只针对必要的异常情况使用,不要将异常泛化。

6.5　Java 异常类

Java 的异常处理机制引进了很多用来描述和处理异常的类,称为异常类。类中包含了异常的信息和对异常的处理方法。不同的问题用不同的类进行描述。一个 Java 异常是一个继承 Throwable 类的实例，Throwable 类有两个子类，Error 和 Exception，如图 6-9 所示。

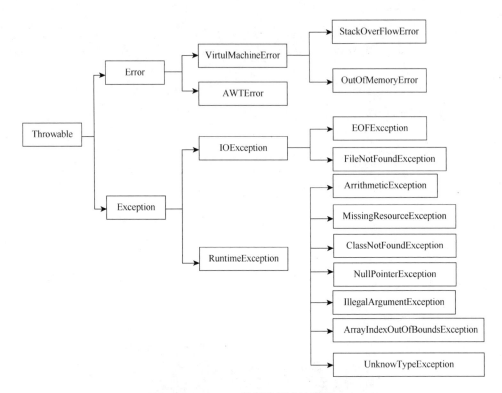

图 6-9　Java 异常类层次结构图

Error 称为"错误"，如虚拟机内存不足，堆栈溢出等，一般 Java 程序不做处理，只会将程序关闭。表 6-1 为常用的 Error。

Exception 称为"异常"，该类可细分为运行时异常（Runtime Exception）和受检查异常（Checked Exception），常用异常类见表 6-2。

表 6-1　常用的 Error

Error 名称	产生原因
OutOfMemoryError	内存不足
StackOverflowError	堆栈错误
UnknowError	未知错误
AWTError	AWT 错误
ThreadDeath	线程死锁

表 6-2 Java 常见的一般异常列表

类名	功能描述
IllegalAccessException	非法访问异常
ClassNotFoundException	指定类或接口不存在异常
CloneNotFoundException	对象使用 clone 方法而不实现 cloneable 接口
IOException	输入/输出异常
InterruptedIOException	中断输入/输出异常
InterruptedException	中断异常（异常应用于线程操作中）
EOFException	输入流中遇到非正常的 EOF 标志
FileNotFoundException	指定文件找不到
MalformedURLException	URL 格式找不到
ProtocolException	网络协议异常
SocketException	Socket 操作异常
UnkownServiceException	给定的服务器地址无法解析
UnknownServiceException	网络请求服务出错
UTFDataFormatException	UTF 格式字符串转换出错
InstantiationException	企图实例化接口或抽象类
NoSuchMethodException	找不到指定的方法

异常类常用的方法：

（1）public Exception()。

（2）public Exception(String s)：一般表示该异常类对应的错误的描述。

（3）public String toString()：返回描述当前异常对象信息的字符串。

（4）public String getMessage()：返回描述当前异常对象信息的详细信息。

（5）public void printStackTrace()：打印当前异常对象使用堆栈的轨迹。

【例 6-7】异常示例。

```
public class TestInfo {
    private static int m=0;
    public static void main(String[] args){
        System.out.println("test exception");
        try {
            m=500/0;
        } catch(Exception e){
            e.printStackTrace();//输出异常到标准错误流
            //使用 toString()方法输出异常信息
            System.out.println("toString 方法:"+e.toString());
            //使用 getMessage()方法输出异常信息
```

```
        System.out.println("getMessage方法:"+e.getMessage());
        }
    }
}
```

程序运行结果如图 6-10 所示。

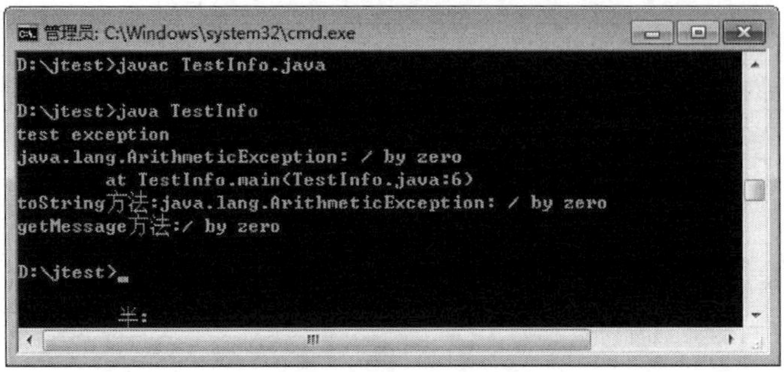

图 6-10　例 6.7 运行结果图

[说明]输出结果是除数为 0 时发生异常，如图 6-10 所示，第四行为 printStackTrace()方法输出的异常信息，第六行是 toString()方法输出的异常信息，第七行是 getMessage()方法输出的异常信息。由此可以看出，toString()方法获取的信息包括异常类型和异常详细消息，而 getMessage()方法只是获取了异常的详细消息字符串。

6.5.1　运行时异常

运行时异常，通常由编程错误导致，一般发生在 JRE 内部，如算数运算异常（ArithmeticException）、数组越界异常（ArrayIndexOutofBoundsException）、空指针访问（NullPointerException）等，此类异常允许程序不对它们做出处理，因为此类异常非常普遍，若是都加以处理，最终会影响程序执行效率。Java 常见的运行时异常见表 6-3 所示。

表 6-3　Java 常见的运行时异常列表

类名	功能描述
ArithmeticException	算数运算异常
IndexOutofBoundException	下标越界错误
ArraryIndexOutofBoundsException	数组越界异常
StringIndexOutofBoundsException	字符串下标越界错误
ClassCastException	类型强制转换错误
NullPointerException	数组的长度为负异常
NullPointException	空指针访问
NumberFormatException	非法数据格式异常

类名	功能描述
IllegalArgumentException	非法参数异常
IllegalMonitorStateException	非法监视器操作异常
IllegalThreadStateException	非法线程状态异常
EmptyStackException	栈空异常，对空栈进行操作
NoSuchElementException	枚举对象不存在给定的元素异常
SecurityException	安全性异常

【例6-8】空指针异常举例。

```java
public class NullPointer {
    public static void main(String[] args){
        String str=null;
        //此处报空指针异常
        System.out.println(str.length());
    }
}
```

程序运行结果如图 6-11 所示。

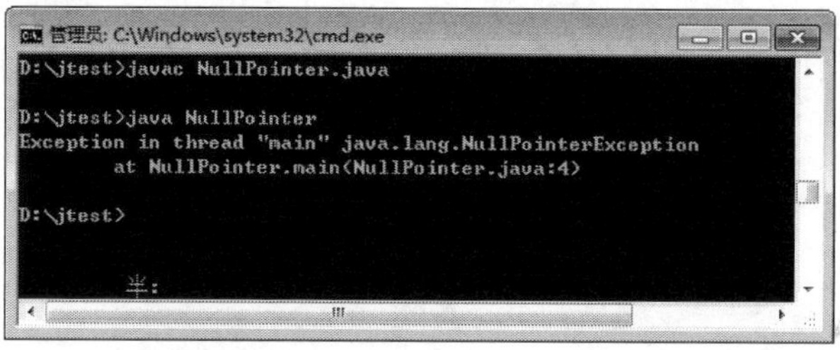

图 6-11 例 6-8 运行结果图

6.5.2 受检查异常

受检查异常，是由于意外情况而发生的，一般发生在 JRE 外部，如输入输出异常（IOException）、试图打开错误的 URL 等。对于此类异常，程序必须加以处理和捕获，否则会导致编译失败。

虽然受检查异常是 Java 语言一项很好的特性，它强迫程序员处理异常，大大增强程序的可靠性，但是过分地使用受检查异常会使 API 使用非常不方便，调用者必须在 catch 语句块中处理所有的受检查异常，或者调用者必须声明抛出这些受检查异常。

Error 和运行时异常虽然都可以不做处理，但其实两者对系统造成的负面影响程度是不同的，运行时异常可以给出捕获语句，进行处理能够恢复，但是 Error 则难以恢复。

对于受检查异常来说，用户期望在执行某个操作失败时，对象仍然保持在一种定义良好的可用状态之中,这样就可以从异常中进行恢复。一般而言,失败的方法调用应该使对象保持调用之前的状态,即受检查异常的原子性。

以下方式可以实现受检查异常的原子性。

(1)使用不可变对象。如果对象不可变,那么在对象实例化时就确定了其状态,以后再也不能发生改变,所以方法的执行就不能修改对象的状态,只能通过新建对象作为返回参数。

(2)提前检查参数的有效性。在执行可变对象的方法之前检查参数的有效性,使对象的状态被修改之前,先抛出适当的异常,这是可变对象获取受检查异常原子性最常见的方法。

(3)编写拦截操作失败,并回滚对象状态的恢复代码。

(4)先在临时拷贝的对象上执行操作,当操作成功后再用临时拷贝中的结果代替对象的内容。

虽然一般情况下大家都希望实现受检查异常的原子性,但是这并非总是可以做到的,如缺少同步机制,并发修改同一个对象的状态。即使有时可以轻松实现受检查异常的原子性,也可能会明显增加开销和复杂性,并不一定是人们所期望的。

6.6　小　　结

本章首先提出何为异常,为何会发生异常,接着介绍了常见的异常类、异常处理机制的基本流程,并用具体实例展示了 try-catch、try-catch-finally、throws、throw 等的用法,分析了为何要使用用户自定义异常,同时列出了 throw 和 throws、运行时异常和受检查异常的不同之处。

6.7　习　　题

1. (　　) 类是所有异常类的父类。

A. Throwable　　B.Error　　C.Exception　　D.AWTError

2. Java 中用来抛出异常的关键字是 (　　)。

A. try　　　　　B.catch　　　C.throw　　　　　　　D.finally

3. 对于 catch 子句的排序,下列正确的是 (　　)。

A. 父类在先,子类在后

B. 子类在先,父类在后

C. 有继承关系的异常不能在同一个 try 程序段内

D. 先有子类,其他如何排列都没关系

4. 在异常处理中,如释放资源、关闭文件、关闭数据库等由 (　　) 来完成。

A. try 子句　　B.catch 子句　　C.finally 子句　　D.throw 子句

5. 给定 Java 代码如下,运行时,会产生 (　　) 类型的异常。

```
String s=null;
s.concat("abc")
```

A. ArithmeticException　　　B. NullPoingerException

C. IOException　　　　　　D. EOFException

6. 一个异常处理中，finally 语句块只能有一个。　　　　　　　　（　　）

7. throw 如果执行了，那么一定是抛出了某种异常。　　　　　　　（　　）

8. 捕获异常的顺序和不同 catch 语句的顺序无关。　　　　　　　（　　）

9. try 语句块中有一个 return 语句，那么其后的 finally 语句块里的语句不会被执行。（　　）

10. Error 是不可恢复的，Exception 是可恢复的。　　　　　　　（　　）

11. 请给出以下三段程序的运行结果，并对其进行比较分析。

(1)
```java
public static void main(String args[]){
    try {
        System.out.println("Try Before");
                int a=10/0;
        System.out.println("Try After");
    }catch(Exception e){
        System.out.println("Catch");
    }finally {
        System.out.println("Finally");
    }
    System.out.println("End");
}
```

(2)
```java
public static void main(String args[]){
    try {
        System.out.println("Try Before");
        System.out.println("Try After");
        return;
    }catch(Exception e){
        System.out.println("Catch");
    }finally {
        System.out.println("Finally");
    }
    System.out.println("End");
}
```

(3)
```java
public static void main(String args[]){
    try {
        System.out.println("Try Before");
        int a=10/0;
```

```
        System.out.println("Try After");
        return;
    }catch(Exception e){
        System.out.println("Catch");
    }finally {
        System.out.println("Finally");
    }
    System.out.println("End");
}
```

第 7 章 多 线 程

多任务的概念来自操作系统领域，指的是可以同时运行多个程序。在 Java 语言中，可以使用线程编写具有多任务的程序，这也是 Java 的一大特点。多线程是指一个程序可以同时运行多个任务，每个任务由单独的线程来完成。本章将向读者介绍进程和线程的基本概念，如何创建多线程，线程的生命周期、常用方法和优先级，以及线程同步的相关知识。

7.1　进程与线程

在深入理解进程和多线程的概念之前，需要理解何为程序。程序是指当我们需要获得某个结果时，由计算机等具有信息处理能力的装置执行的代码化指令序列，或者可以被自动转换成代码化指令序列的符号化指令序列或符号化语句序列。简单来说，它就是应用程序执行的脚本，是一个没有生命的实体。

进程是一段程序的执行过程，这个过程包括代码加载、执行到结束，同时这个过程也是进程本身从产生、发展到消亡的过程。进程是一个实体，每一个进程都有自己对应的地址空间，即独立的代码和数据空间。一个进程一般不允许访问另一个进程的地址空间。此外，需要注意的是，进程是"执行中的程序"，只有处理器在赋予程序生命之后，它才能成为一个活动的实体，才能转变成一个进程。进程是分配资源的基本单位。

线程则是进程中的执行流程，它是执行一个特定任务的可执行代码的最小单元，是独立运行和独立调度的基本单元。通常在一个进程中可以包括若干个线程，而每一个进程中也至少需要有一个线程。线程之间是相互独立的，每个方法的局部变量和其他线程的局部变量是分开的，因此，任何线程都不能访问除自己之外的其他线程的局部变量。但是，线程之间可以共享相同的内存单元，在利用这些内存时，可以实现实时通信、数据交换等必要的同步操作。

1. 调度

在传统 OS 中，拥有资源、独立调度和分派的基本单位都是进程，在引入线程的系统中，线程是调度和分派的基本单位，而进程是拥有资源的基本单位。在同一个进程内线程切换不会产生进程切换，由一个进程内的线程切换到另一个进程内的线程时，将会引起进程切换。

2. 并发性

在引入线程的系统中，进程之间可并发，同一进程内的各线程之间也能并发执行。线程是程序执行时的最小单位，它是进程的一个执行流，是 CPU 调度和分派的基本单位，线程由 CPU 独立调度执行，在多 CPU 环境下就允许多个线程同时运行。同样多线程也可以实现并发操作，每个请求分配一个线程来处理。因而系统具有更好的并发性。

3. 拥有资源

无论是传统 OS，还是引入线程的 OS，进程都是拥有资源的独立单位，在创建、撤消、切换中，系统必须为之付出较大时空开销。所以系统中进程的数量不宜过多，进程切换的频率不宜过高，但这也就限制了并发程度的进一步提高。线程一般不拥有系统资源，只拥有少量必不可少的资源：程序计数器、一组寄存器、栈。但它可以访问隶属进程的资源，即一个进程的所有资源可供进程内的所有线程共享。

4. 系统开销

进程的创建和撤销的开销要远大于线程创建和撤销的开销，进程切换时，当前进程的 CPU 环境要保存，新进程的 CPU 环境要设置，线程切换时只需保存和设置少量寄存器，并不涉及存储管理方面的操作，可见，进程切换的开销远大于线程切换的开销。

7.2　创建多线程的两种方式

Java 语言主要提供两种方式实现多线程，分别为继承 Thread 类和实现 Runnable 接口。本节将讲解这两种方式如何创建多线程。

7.2.1　继承 Thread 类

Thread 类是 java.lang 包中的一个类，该类的实例化对象便可以代表线程，其中有多种方法，下面通过表 7-1 重点说明 start()、run()、sleep()等方法的应用。

表 7-1　Thread 类的一些重要方法

序号	方法描述
1	public void start() 使该线程开始执行；Java 虚拟机调用该线程的 run 方法
2	public void run() 如果该线程是使用独立 Runnable 运行对象构造的，则调用该 Runnable 对象的 run()方法；否则，该方法不执行任何操作并返回
3	public final void setName（String name） 改变线程名称，使之与参数 name 相同
4	public final void setPriority（int priority） 更改线程的优先级
5	public final void setDaemon（boolean on） 将该线程标记为守护线程或用户线程

序号	方法描述
6	public final void join（long millisec） 等待该线程终止的时间最长为 millis（毫秒）
7	public void interrupt() 中断线程
8	public final boolean isAlive() 测试线程是否处于活动状态

start()方法用来启动一个线程，调用 start()方法后，系统会开启一个新的线程来执行用户定义的子任务，在这个过程中会为相应的线程分配需要的资源。线程获得执行时间后，便可以重写 Thread 类的 run()方法来创建线程。创建线程的语法格式如下：

```
class demo extends Thread
{
    public void run(){...}
}
```

【例 7-1】多线程的典型应用就是售票，可以借助多线程的概念模拟买票时的多个窗口，在本例中将通过继承 Thread 类创建线程，并打印出当前线程，向读者展示创建线程的具体应用。

```
class Ticket extends Thread{
    private  int tick=5;
    public void run(){
        while(true){
            if(tick>0){
            System.out.println(Thread.currentThread().get
              Name()+"....sale:"+tick--);
            }
        }
    }
}


public class  ThreadDemo_1{
    public static void main(String[] args){
        Ticket t=new Ticket();
        Thread t1=new Thread(t);    //创建了一个线程;
        Thread t2=new Thread(t);    //创建了一个线程;
        Thread t3=new Thread(t);    //创建了一个线程;
        Thread t4=new Thread(t);    //创建了一个线程;
```

```
        t1.start();
        t2.start();
        t3.start();
        t4.start();
    }
}
```
程序运行结果如图 7-1 所示。

[说明]线程之间是相互独立存在的。

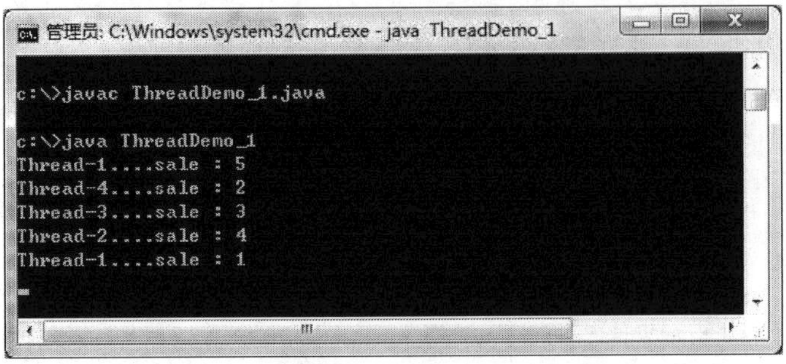

图 7-1　继承 Thread 类创建售票线程

7.2.2　实现 Runnable 接口

7.2.1 通过继承 Thread 类实现多线程,但是这种方式有一定的局限性。因为在 Java 中只支持单继承,一个类一旦继承了某个父类就无法再继承 Thread 类,如学生类 Student 继承了 person 类,就无法再继承 Thread 类创建的线程。为了克服这种弊端,Thread 类提供了 Runnable 接口。Runnable 接口是 Java 中用于实现线程的接口,从根本上讲,任何实现线程功能的类都必须实现该接口。Runnable 接口中只有一个 run()方法,没有 start()方法。

【例 7-2】将例 7-1 的创建多个售票线程的要求通过实现 Runnable 接口的方法创建线程,并打印出当前线程。

```
class Ticket implements Runnable{
    private  int tick=5;
    public void run(){
        while(true){
            if(tick>0){
                System.out.println(Thread.currentThre
                    ad().getName()+"…sale:"+tick--);
            }
        }
    }
```

```
    }

public class  ThreadDemo_2{
    public static void main(String[] args){
        Ticket t=new Ticket();
        Thread t1=new Thread(t);      //创建了一个线程;
        Thread t2=new Thread(t);      //创建了一个线程;
        Thread t3=new Thread(t);      //创建了一个线程;
        Thread t4=new Thread(t);      //创建了一个线程;
        t1.start();
        t2.start();
        t3.start();
        t4.start();
    }
}
```

程序运行结果如图 7-2 所示，需要注意的是：例 7-1 和 7-2 都是创建多个线程，Thread 类中有多种方法，如 start()、run()等，但是 Runnable 接口中没有 start()方法，在定义实现 Runnable 接口时要覆盖其中的 run()方法，将 Runnable 接口的子类对象作为实际参数传递给 Thread 类的构造函数，调用 Thread 类的 start()方法开启线程，并调用了 Runnable 接口子类的 run()方法。

图 7-2　实现 Runnable 接口创建售票线程

7.3　线程的生命周期

7.2 节中，学习了线程的创建，创建其实就是线程的其中一个工作状态，一般来说，一个线程有五种工作状态：创建（new）、就绪（runnable）、运行（running）、阻塞（blocked）、死亡（dead），如图 7-3 所示具体来说其生命周期主要包括五个状态。

图 7-3　线程的五种状态

（1）创建状态。当通过 new 命令创建一个线程对象时，该线程对象就会处于创建状态。此时线程对象拥有自己的内存空间，但是没有分配 CPU 资源，需要通过 start()方法进入就绪状态，等待 CPU 资源。创建语句如下。

继承 Thread 类：

```
Thread thread1=new Thread();
```

实现 Runnable 接口：

```
class Demo implements Runnable
```

（2）就绪状态。处于创建状态的线程被启动之后，正在等待被分配 CPU 时间片，也就是说此时线程正在就绪队列等候得到 CPU 资源。这时需要通过 start()方法进入就绪状态：

```
Thread thread1=new Thread();
Thread1.start();
```

（3）运行状态。处于运行状态的线程，表明当前已经拥有了 CPU 资源，其代码目前正在运行，如果没有优先级更高的线程抢占当前线程，当前这一线程将一直持续到运行完毕。

（4）阻塞状态。一个正在执行的线程在某些特殊情况下，如需要执行费时的输入输出操作或被人为挂起时，将让出 CPU 并暂时终止自己的执行，称为阻塞状态。调用线程的（或从 Object 类继承过来的）sleep()或 wait()方法，可以使当前线程进入阻塞状态。处于阻塞状态的线程必须被某些事件唤醒。

（5）死亡状态。当将任务执行完毕即 run()方法执行完毕，或被强制终止即执行 System.exit()方法时，便进入死亡状态。该状态表明当前线程已经退出运行状态，并且不会再进入就绪队列。

综上所述，线程的生命周期可以描述为：当需要一个线程来执行某个子任务时，就创建了一个线程；线程在满足所需的运行条件之后，进入就绪状态；随后得到 CPU 的执行时间后转为运行状态；线程在运行过程中，可能会有多个原因导致当前线程不继续运行下去，则进入阻塞状态；最后，在执行完毕或者突然中断时，线程就会消亡。

7.4　线程的常用方法

由 7.3 节知，一般来说线程有五种状态，Java 的多线程机制提供了使线程状态转换的方法，在本节中，主要介绍线程的休眠、加入、中断和礼让的相关方法。

7.4.1 线程的休眠

　　CPU 资源是有限的，在 Java 的多线程机制中提供了使线程休眠的方法，这样可以使当前线程交出 CPU 的使用权，将 CPU 的使用权限赋予其他线程，以便线程之间的轮换调用，从而使有限的 CPU 资源能够得到充分的利用。当休眠一定时间之后，线程就会苏醒，然后进入就绪状态等待执行。

　　使线程休眠，可以采取 sleep()方法，sleep()方法是定义在 Thread 类中的静态方法，它的作用就是让当前的线程休眠，从运行状态转化为阻塞状态。将 sleep()方法放在 run()方法里，就可以使对应的线程进入休眠。sleep()方法可以指定休眠时间，需要注意的是线程实际的休眠时间会大于等于设定的休眠时间，当线程重新被唤醒时，该线程就会由阻塞状态转变为就绪状态。

　　sleep()方法可以以毫秒为时间单位暂停当前执行的程序，且参数值必须为毫秒，不能为负数，否则将会抛出异常。一般来说，常见的使用方式包括：sleep（long millis），表示休眠时间为 millis（毫秒）；sleep（long millis,int nanos），表示的是线程休眠 millis（毫秒）再加 nanos（纳秒）。下面用例 7-3 简单说明 sleep()方法的使用。

【例 7-3】创建一个线程，并让当前线程休眠 1000ms。

```java
class MyThead implements Runnable{
    public void run(){
        System.out.println("线程休眠");
        try{
            Thread.sleep(1000);
            }
        catch(InterruptedException e){
            }
    System.out.println("休眠 1000ms");
        }
}

public class sleepThread{
    public static void main(String[] args){
        MyThead myThead=new MyThead();
        Thread thread=new Thread(myThead);
        thread.start();
    }
}
```

程序运行结果如图 7-4 所示。

图 7-4　线程休眠

[说明]使当前线程休眠的是 sleep()方法。

7.4.2　线程的加入

多线程中有时会出现线程加入的情况，就好比是在完成作业的过程中，如果当前的作业需要在十天后提交，这时突然来了一个明天需要提交的作业，那么这时我们会先完成这个需要明天提交的作业，再继续完成之前那个十天后提交的作业。这里的十天后提交的作业就类似于主线程，明天提交的作业就类似于子线程，主线程会让子线程（也就是突然加入的线程）先执行完毕后，再继续执行之前的工作。在 Java 中，join()方法可以暂停当前执行的线程，开始执行当前加入的线程，完毕后继续执行暂停的线程。这意味着如果在一个线程 A 中调用另一个线程 B 的 join()方法，线程 A 将会等待线程 B 执行完毕后再执行。下面通过例 7-4 简单理解 join()方法。

【例 7-4】考虑一个情景，如果在当前主线程中直接调用 join()方法，观察运行的结果，体会子线程的加入对主线程的作用。

```java
class Test implements Runnable{
    public void run(){
        for(int i=1;i<=10;i++){
            System.out.println(Thread.currentThread().getName
()+"--->"+i);
        }
    }
}


public class joinThread{
    public static void main(String[] args)throws Interrupted
      Exception{
        Test test=new Test();

        Thread t1=new Thread(test);
```

```
Thread t2=new Thread(test);

t1.start();
t2.start();
t1.join();
for(int i=1;i<=10;i++){
    System.out.println(Thread.currentThread().getName
        ()+"--->"+i);
}
    }
}
```

程序运行结果如图 7-5 所示。

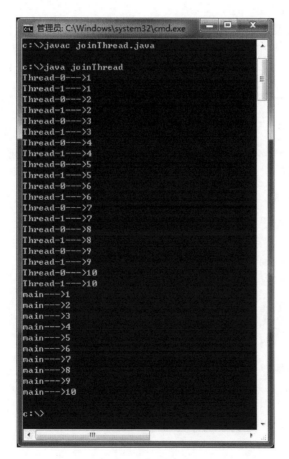

图 7-5 线程的加入

[说明]当前运行的主线程会暂停，让子线程执行。

7.4.3　线程的中断

在多线程实际运行的过程中，经常会遇到需要线程停止的情况。例如，在日常下载文件时，下载速度非常慢，但是当前又没有足够的时间等待该线程终止，这时就需要中断该线程。7.4.2 节讲到了线程的加入，知道如果一个子线程调用 join()方法加入线程，这时主线程会让该线程先执行完毕，之后主线程才会继续执行。但是如果子线程在运行过程中需要耗费大量的时间，那么这时就应该通知主线程停止等待，也就用到了线程中断。

实际上 Java 提供了线程中断的方式，如 stop()方法，但是 stop()方法会在一个线程未正常结束之前强制终止该线程，很有可能会使得该线程带着自身所持有的锁进入永远的休眠，这是很不合理而且粗鲁的一种方式。当前的 JDK 版本已经废除了这一方法，本节主要介绍 interrupt()方法。

为了不使线程被强制终止，Java 多线程机制中设置每一个线程都有一个与该进程状态相关的 Boolean 属性值，用来标识当前线程的中断状态。中断状态初始表现为 false。interrupt()方法是 Thread 类中的一种静态方法。在使用该方法之后，如果当前线程正在执行一个低级可中断阻塞方法，如 sleep()、join()等，此时线程将结束并抛出 Interrupted Exception 异常，否则 interrupt()只是设置线程的中断状态。在被中断线程中运行的代码以后可以轮询中断状态，看它是否被请求停止正在做的事情。下面简单举例说明。

【例 7-5】在一个程序中调用 interrupt()方法来中断线程，观察程序运行结果，体会线程的中断状态。

```java
public class SleepInterrupt extends Object implements Runnable{
public void run(){
    try{
        System.out.println("in run()- about to sleep for 20 seconds");
        Thread.sleep(20000);
        System.out.println("in run()- woke up");
        }
    catch(InterruptedException e){
        System.out.println("in run()- interrupted while sleeping");
        return;
        }
        System.out.println("in run()- leaving normally");
    }

    public static void main(String[] args){
```

```
SleepInterrupt si=new SleepInterrupt();
  Thread t=new Thread(si);
  t.start();
  try {
    Thread.sleep(2000);
  }catch(InterruptedException e){
      e.printStackTrace();
  }
  System.out.println("in main()- interrupting other thread");
  t.interrupt();
  System.out.println("in main()- leaving");
  }
}
```

程序运行结果如图 7-6 所示，运行结果显示 sleep()方法检查到休眠线程被中断，它会终止线程，并抛出 InterruptedException 异常。

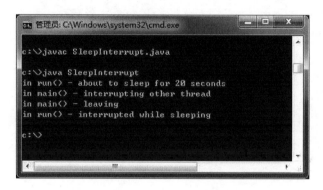

图 7-6　线程的中断

7.4.4　线程的礼让

在我国源远流长的文化中，礼让指的是守礼仪，懂得谦让，在计算机的多线程中经常也会出现这样的情况。Thread 类中提供了一种礼让的方法，叫作 yield()，该方法表示当前线程对象在提示调度器自己愿意让出 CPU 资源给其他进程。一般来说，yield()方法只会给同一优先级或者更高优先级的线程运行的机会，需要注意的是这只是当前线程的一个意愿，并不代表一定会运行，具体执行还需要受到调度器的影响。yield()可以直接用 Thread 类调用，yield()让出 CPU 执行权给同等级的线程，如果没有相同级别的线程在等待 CPU 的执行权，则该线程继续执行。

【例 7-6】创建两个分别叫作 "java" "python" 的线程，通过调用 yield()方法，进一步体会线程的礼让。

```java
public class ThreadYield
{
  public static void main(String[] args)
  {
      ThreadYielddemo demo=new ThreadYielddemo();
          Thread thread1=new Thread(demo,"java");
          Thread thread2=new Thread(demo,"python");

          thread1.start();
          thread2.start();
  }

}

  class ThreadYielddemo implements Runnable{
  public void run(){
      for(int i=0;i<3;i++){
          if (i==2){System.out.println("当前线程为"+Thread. current
      Thread().getName());
              Thread.currentThread().yield();}
          System.out.println("执行线程为"+Thread. current Thread().
  getName());
      }
    }
  }
```

　　程序运行结果如图 7-7 所示,运行结果说明两个进程交替运行。从执行结果可以看出,第一次输出当前线程时,存在线程的礼让,第二次并没有礼让。这说明线程的礼让仅是当前程序的一个意愿,具体的执行结果还需要依赖于 CPU 的调度。

图 7-7　线程的礼让

7.5　线程的优先级

　　线程的状态受到 CPU 资源的影响，现代操作系统基本采用时分形式调度运行的线程，线程分配得到的时间片决定了线程使用 CPU 资源的多少，这就引出了线程优先级的概念。在多线程的系统中，会为每一个线程匹配一个优先级，这个优先级就决定了线程被 CPU 执行的优先顺序。优先级高的线程在执行时被给予优先，但是并不能保证优先级最高的线程在启动时就进入运行状态。除此之外，线程的优先级只能确保 CPU 尽量将执行的资源让给优先级较高的线程使用，但是不意味着高优先级的线程的大部分都能先于优先级低的线程执行完。Java 中的线程优先级的范围是 1～10，默认的优先级是 5，"高优先级线程"会优先于"低优先级线程"执行。

　　在 Java 中，CPU 的使用经常不需要时间片分配进程，它采用的是抢占式的模式，抢占模式表明许多线程处于就绪状态，但是仅有一个线程处于运行状态，当这一进程执行完毕、进入不可运行状态，或者是具有更高优先级的进程变为可运行状态时，该进程便会让出 CPU。Java 语言中，可以使用 setPriority()方法设置优先级，设置方法如下

```
public final setPriority(int newPriority)
```

　　其中设置线程的优先级为 newPriority。newPriority 的值必须是在 MIN_PRIORITY 和 MAX_PRIORITY 之间（通常它们的值为 1 和 10），在默认情况下其优先级都是 NORM_PRIORITY。需要注意的是，线程的优先级具有继承的特性。例如，线程 A 启动线程 B，则表明线程 B 具有与线程 A 同样的优先级。

7.6　线 程 同 步

　　多线程机制对于处理多任务、提高计算机效率具有十分重要的作用。但是线程有时会和其他线程共享一些资源，如内存、数据库等。当多个线程同时读写同一份共享资源时，可能会发生冲突。这时就需要引入线程"同步"机制，即线程之间要有顺序使用，不能杂乱无章随意使用。线程同步是当有一个线程在对内存地址进行操作时，其他线程都不可以对这个内存地址进行操作，直到该线程完成操作，其他线程才能对该内存地址进行操作，以防止由于 CPU 在时间调度上的问题，引起数据反复被覆盖的现象。

　　在 Java 中，若干个线程都使用一个用 synchronized 修饰的方法，就必须遵守同步机制，这意味着当一个线程使用这个方法时，若其他方法也要使用该方法，就必须等待，直到这一线程使用完该方法。本节将向读者讲解线程安全和线程的同步机制。

7.6.1　线程安全

　　在使用 Java 多线程时，经常会因为多线程引起线程安全问题，那么线程安全问题到

底是如何产生的呢？究其本质，是因为多条线程操作同一数据的过程中，破坏了数据的原子性。原子性，就是不可再分性。

　　线程安全指的是：如果程序所在的进程中有多个线程在运行，这些线程有可能会同时运行这个程序，如果说，这个程序的执行结果和单个线程的运行结果是一致的，并且其他变量的值跟预期的值也是一样的，就认为这是线程安全。线程安全都是由全局变量及静态变量引起的。如果说每个线程中对于全局变量、静态变量只有读操作，而没有写操作，一般来说，这个线程是安全的，如果有多个线程同时执行写操作，就需要考虑线程同步的问题，否则就有可能影响线程安全。线程安全体现在三个方面，即原子性、可见性和有序性。原子性是指提供互斥访问，同一时刻只能有一个线程对数据进行操作。可见性是指一个线程对主内存的修改可以及时地被其他线程看到。有序性是指一个线程观察其他线程中的指令执行顺序，但由于指令重排序，该观察结果一般杂乱无序。

【例 7-7】创建一个线程不安全的类，输出当前线程名及总和，该类中的 count 方法为求和：1+2+3+…+10，期望每个线程都可以输出 55。

```java
public class ThreadTest {
    public static void main(String[] args){
        Runnable runnable=new Runnable(){
            Count count=new Count();
            public void run(){
                count.count();
            }
        };

for(int i=0;i<10;i++){
    new Thread(runnable).start();
    }
    }
}

class Count {
    private int num;
    public void count(){
        for(int i=1;i<=10;i++){
            num+=i;
        }
System.out.println(Thread.currentThread().getName()+"-"+num);
    }
}
```

程序运行结果如图 7-8 所示，程序运行结果说明：所有线程的输出结果并不完全是我们期望的，这是一个不安全的线程，但是如果不对线程进行控制，大多数线程都会出现这种情况。

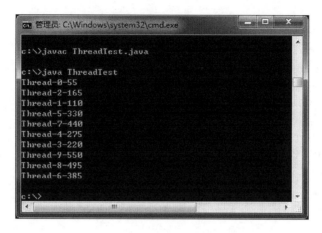

图 7-8　不安全的线程

7.6.2　线程同步机制

线程同步是为了确保线程安全，Java 中与线程同步有关的类包括 volatile、synchronized、Lock 等。由于在多线程的程序中经常出现类似例 7-7 中的问题，线程的同步机制就显得尤为必要。Java 提供了同步机制，本节重点介绍使用 volatile 和 synchronized实现同步。

volatile 一般用在多个线程访问同一个变量时，对该变量进行唯一性约束。volatile本质是告诉 JVM 当前变量在线程寄存器（工作内存）中的值是不确定的，需要从主存中读取，每个线程对该变量的修改是可见的，当有线程修改该变量时，会立即同步到主存中，其他线程读取的是修改后的最新值。因此，volatile 方法保证了变量的可见性。

synchronized 提供了一种独占的加锁方式。这里需要理解 Java 的内置锁概念，其实质就是给一块内存空间的访问添加了访问权限，内置锁的存在保证了任一时刻只有一个线程访问共享资源。synchronized 关键字可以在多线程环境下用来作为线程安全的锁，这也就防止了多个线程同时访问共享资源时出现的数据混乱。

声明 synchronized 方法的一般格式：

```
public synchronized 返回类型 方法名()
{
.../*方法体*/
}
```

【例 7-8】设计一个模拟用户从银行取款的程序，且设置初值为 2000 元，用线程模拟两个用户从银行取款的情况。

```java
class Mbank
{
    private static int sum=2000;
    public synchronized static void take(int k)
    {
        int temp=sum;
        temp-=k;
        try{Thread.sleep((int)(1000*Math.random()));}
        catch(InterruptedException e){ }
        sum=temp;
        System.out.println("sum="+sum);
    }
}

class Customer extends Thread
{
    public void run()
    {
        for(int i=1;i<=4;i++)
        {
        Mbank.take(100);
        }
    }
}

public class MbankTest
{
    public static void main(String[] args)
    {
        Customer customer_1=new Customer();
        Customer customer_2=new Customer();
        customer_1.start();
        customer_2.start();
    }
}
```

程序运行结果如图 7-9 所示，程序运行结果说明：在本例中，使用 synchronized 方法，避免了由两个并发程序（两个用户同时取款）共享同一内存变量所引起的数据混乱，但是最终的结果都是符合逻辑的。

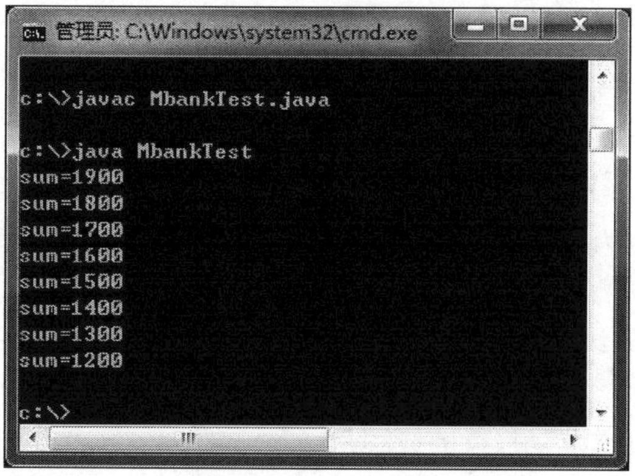

图 7-9　线程同步举例

7.7　小　　结

多线程是 Java 语言的重要特征之一。本章主要向读者介绍了进程与线程的基本概念、创建进程的两种方式、进程的生命周期、进程的操作方法及进程的同步机制等知识。进程是分配资源的基本单位，线程是调度的基本单元。线程的生命周期包括创建（new）、就绪（runnable）、运行（running）、阻塞（blocked）、死亡（dead）。线程可以通过集成 Thread 类或者实现 Runnable 接口创建。线程之间状态的转换可以通过多种方法，本章列举了使线程休眠、中断、礼让等的方法。

在多线程的系统中，会为每一个线程匹配一个优先级，这个优先级就决定了线程被 CPU 执行的优先顺序。当有多个线程并发执行时，线程的调度程序可以在各个线程之间分配 CPU 资源。

线程的同步机制对于线程安全具有重要的意义，线程同步是指当前内存地址只可以有一个线程进行操作，直到该线程完成操作，其他线程才能对该内存地址进行操作，以防止由 CPU 在时间调度上引起的数据混乱。

7.8　习　　题

1. 下列说法中，正确的一项是（　　）。

A. 单处理机的计算机上，两个线程实际上不能并发执行

B. 单处理机的计算机上，两个线程实际上能够并发执行

C. 一个线程可以包含多个进程

D. 一个进程只能包含一个线程

2. 下列说法中，错误的一项是（　　）。

A. 线程就是程序

B. 线程是一个程序的单个执行流

C. 多线程是指一个程序的多个执行流

D. 多线程用于实现并发

3. 下列关于 Thread 类的线程控制方法的说法中错误的一项是（　　）。

A. 线程可以通过调用 sleep()方法使比当前线程优先级低的线程运行

B. 线程可以通过调用 yield()方法使和当前线程优先级一样的线程运行

C. 线程的 sleep()方法调用结束后，该线程进入运行状态

D. 若没有相同优先级的线程处于可运行状态，线程调用 yield()方法时，当前线程将继续执行

4. 方法 resume()负责恢复执行的线程是（　　）。

A. 通过调用 stop()方法而停止的线程

B. 通过调用 sleep()方法而停止的线程

C. 通过调用 wait()方法而停止的线程

D. 通过调用 suspend()方法而停止的线程

5. 下列说法中，错误的一项是（　　）。

A. 线程一旦创建，则立即自动执行

B. 线程创建后需要调用 start()方法，将线程置于可运行状态

C. 调用线程的 start()方法后，线程也不一定立即执行

D. 线程处于可运行状态，意味着它可以被调度

6. 下列说法中，错误的一项是（　　）。

A. Thread 类中没有定义 run()方法

B. 可以通过继承 Thread 类来创建线程

C. Runnable 接口中定义了 run()方法

D. 可以通过实现 Runnable 接口创建线程

7. Thread 类定义在（　　）包中。

A. java.io　　　　B. java.lang

C. java.util　　　　D. java.awt

8. Thread 类的常量 NORM_PRIORITY 代表的优先级是（　　）。

A. 最低优先级　　B.最高优先级

C. 普通优先级　　D.不是优先级

9. 下列关于线程优先级的说法中，错误的一项是（　　）。

A. MIN_PRIORITY 代表最低优先级

B. MAX_PRIORITY 代表最高优先级

C. NORM_PRIORITY 代表普通优先级

D. 代表优先级的常数值越大优先级越低

10. Java 语言使用_____类及其子类的对象来表示线程，新建的线程在它的一个完整的生命周期中通常要经历_____、_____、_____、_____和_____五种状态。

11. 在 Java 中，创建线程的方法有两种：一种方法是_____，另一种方法是_____。

12. 用户可以通过调用 Thread 类的_____方法来修改系统自动设定的线程优先级，使之符合程序的特定需要。

13. _____方法将启动线程对象，使之从创建状态转入就绪状态并进入就绪队列排队。

14. Thread 类和 Runnable 接口中共有的方法是_____，只有 Thread 类中有而 Runnable 接口中没有的方法是_____，因此通过实现 Runnable 接口创建的线程类要想启动线程，必须在程序中创建_____类的对象。

15. 在 Java 中，实现同步操作的方法是在共享内存变量的方法前加_____修饰符。

16. Thread 类中表示最高优先级的常量是_____，表示最低优先级的常量是_____。

17. 一个 Java 多线程的程序无论在什么计算机上运行，其结果始终是一样的。 （ ）

18. Java 线程有五种不同的状态，这五种状态中的任何两种状态之间都可以相互转换。
（ ）

19. 线程同步就是若干个线程都需要使用同一个 synchronized 修饰的方法。 （ ）

20. 使用 Thread 子类创建线程的优点是可以在子类中增加新的成员变量，使线程具有某种属性，也可以在子类中新增加方法，使线程具有某种功能。但是，Java 不支持多继承，Thread 类的子类不能再扩展其他的类。 （ ）

21. JVM 中的线程调度器负责管理线程，调度器把线程的优先级分为 10 个级别，分别用 Thread 类中的类常量表示。每个 Java 线程的优先级都在常数 1 和 10 之间，即 Thread. MIN_PRIORITY 和 Thread.MAX_PRIORITY 之间。如果没有明确地设置线程的优先级别，每个线程的优先级都为常数 8。 （ ）

22. 当线程类所定义的 run()方法执行完毕时，线程的运行就会终止。
（ ）

23. 线程的启动是通过引用其 start()方法而实现的。 （ ）

第8章 绘图与图像处理

对于应用程序来说，常常会用到绘图与图像处理技术来为应用程序提供数据可视化、背景图片等一系列功能。本章将重点介绍如何利用 Java 实现简单的绘图与图像处理工作。

8.1 Java 绘图

Java 绘图的抽象基类是 Graphics 类，Graphics 类在 java.awt 包中被声明，它允许应用程序在组件及闭屏图像上绘制，封装了 Java 支持的基本绘图操作所需的状态信息，并提供了绘图的常用方法。

因为 Graphics 类是所有图形上下文的抽象基类，所以它是不能直接实例化的，如果想要使用 Graphics 类绘图，需要找到一个带有（Graphics g）参数的现有方法和一个自动调用该方法而不带有（Graphics g）参数的现有方法，覆盖前一个方法，在外部调用后一个方法，从而实现绘图目的，下面对 Java 绘图进行详细介绍。

8.1.1 画布

Graphics 类相当于一个画布，它将需要绘制的对象在画布上显示出来。绘图的原点位于组件的左上角，如图 8-1 所示。

绘图时，既可以直接在控件上绘图，如在 JFrame 上绘制图形，又可以使用专门的画布 Canvas 类进行绘图，对于专门的 Canvas 画布类将在 8.2.2 节详细讲述。

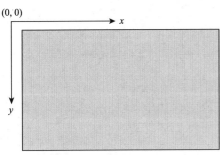

图 8-1　Java 图形界面坐标系示意图

8.1.2 画笔

为了在 Java 中绘制图形，需要获取绘图的画笔。常用以下两种方式获取画笔。

1. paint（Graphics g）

Java 绘图时，paint(Graphics g){}方法可以获取画笔，在画布中呈现图形，该方法会在 8.2 节绘制图形部分详细进行介绍。

2. Graphics g = getGraphics()

如果获取画笔的目的并不是呈现图形，而是想要获取 Graphics 的对象，后续再根据实际需求对该对象进行一系列处理，则可采用以上语句进行获取。此时，该 Graphics 类的对象就存储在变量 g 中。

8.2 绘 制 图 形

8.2.1 绘图方法

为了能在组件上绘图，Java 在 java.awt.Component 类中声明了三个主要的绘图方法：paint()绘制图形、update()更新图形、repaint()重画图形。这三个方法执行顺序为

repaint()—update()—paint()

三者的主要区别是：paint()是系统回调函数，用户不能主动调用。用户需要重新绘制时，需调用 repaint()函数。updata()方法一般不需要重写调用，但是如果填充背景的颜色跟 paint()中的颜色不一样，有闪烁感时，可以重写 update()方法。事实上，用户在调用 repaint()的过程中，系统会自动完成 paint()或者 update()的调用进行绘制，下面对这三种方法进行详细介绍。

1. 绘制图形 paint()方法

任何一个图形对象都是 java.awt.Component 的子类，将 paint()方法作为绘图工具就可以画出线条、矩形、圆形等各种图形来。该方法的具体表达形式为

```
public void paint(Graphics g);
```

这里，参数 java.awt.Graphics 类为绘图对象，绘图工具 paint()通过 Graphics 对象绘制具体的图形。paint()方法会被程序自行调用。而在程序中需要执行 paint()方法时，一般是调用 repaint()方法，以清除旧图，重新绘制新图。paint()方法在下列三种情况发生时会自动运行：当新建窗口显示在显示器上或从隐藏变成显示时；从缩小图标还原之后；正在改变窗口的大小时。

2. 更新图形 update()方法

更新图形 update()方法的基本格式如下：

```
public void update(Graphics g)
```

该方法首先清除背景，然后设置前景色，再调用 paint()方法来完成相应的绘图功能。一般使用时不要重写 update()方法。

3. 重画图形 repaint()方法

重画图形 repaint()方法有两种重载形式，其格式如下：

```
public void repaint()
```

```
public void repaint(int x,int y,int width,int height)
```

repaint()方法是通过调用 update()方法来实现图形重绘的。当组件外形发生变化时，系统自动调用 repaint()方法。一般地，使用时也不要重写 repaint()方法。

常用绘制图形的方法如表 8-1 所示。

表 8-1　Graphics 类常用图形绘制方法

方法	绘制图形
drawArc（int x，int y，int width，int height，int startAngle，int arcAngle）	弧形
drawLine（int x1，int y1，int x2，int y2）	直线
drawOval（int x，int y，int width，int height）	椭圆
drawPolygon（int[] xPoints，int[] yPoints，int nPoints）	多边形
drawPolyline（int[] xPoints，int[] yPoints，int nPoints）	多边线
drawRect（int x，int y，int width，int height）	矩形
drawRoundRect（int x，int y，int width，int height，int arcWidth，int arcHeight）	圆角矩形
fillArc（int x，int y，int width，int height，int startAngle，int arcAngle）	实心弧形
fillOval（int x，int y，int width，int height）	实心椭圆
drawPolygon（int[] xPoints，int[] yPoints，int nPoints）	实心多边形
drawRect（int x，int y，int width，int height）	实心矩形
drawRoundRect（int x，int y，int width，int height，int arcWidth，int arcHeight）	实心圆角矩形

【例 8-1】绘制简单图形（直线、矩形、圆形、多边形）。

```java
import java.awt.*;
import javax.swing.*;
public class DrawSimple extends JFrame{
    DrawSimple(){      //构造函数
        super("简单图形");       //继承父类并设置标题
        setSize(400,400);    //设置大小
        setVisible(true); //显示可见
        setDefaultCloseOperation(EXIT_ON_CLOSE);   //设置默认关闭
                                                        方式

    }

    public void paint(Graphics g){
        g.drawLine(50,50,120,120);    //画线
        g.drawRect(50,50,70,70);      //画矩形
        g.drawOval(70,70,90,90);      //画圆形
        //画多边形
        int x[]={180,290,250,150};    //四边形四个点的横坐标
```

```
        int y[]={180,130,270,310};   //四边形四个点的纵坐标
        int pts=x.length;            //四边形的端点数量
        g.drawPolygon(x,y,pts);      //绘制多边形
    }

    public static void main(String args[]){
        new DrawSimple();
    }
}
```

程序运行结果如图 8-2 所示。

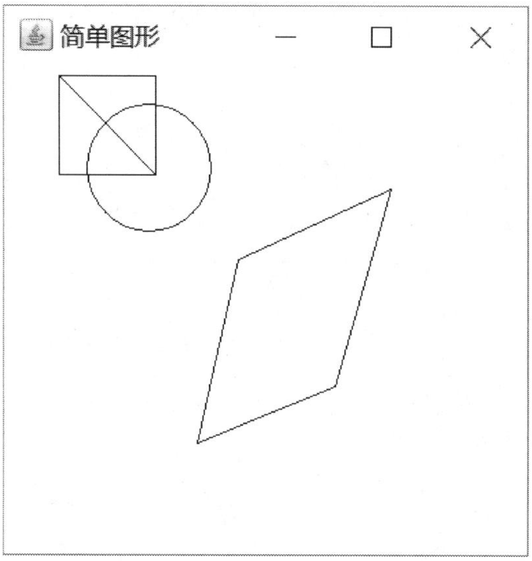

图 8-2　绘制直线、矩形、圆形和多边形

[说明]绘图的画布继承自 JFrame 类；该程序中并未显式调用 paint()函数；绘制多边形时需要传入所有端点的横坐标、纵坐标数组参数及多边形端点数量。

8.2.2　Canvas 类

Java 中画布 Canvas 类是一个用来绘制图形的矩形组件，在画布中可以像在 Applet 中那样绘制各种图形，也可以响应鼠标和键盘事件。在进行程序设计时，经常把要实现的功能单独设计为一个类，而把显示这个功能设计成另一个，把实现功能的类称为逻辑层，而把显示功能的类称为表现层。这样，把逻辑层和表现层分开，有利于实现代码重用。其设计模式如图 8-3 所示。

图 8-3　逻辑层和表现层分离的设计模式

画布 Canvas 类的存在就可以实现这一目的。Canvas 的构造方法没参数,所以使用简单的语句就可以创建一个画布对象:

```
Canvas mycanvas=new Canvas();
```

在创建了 Canvas 对象后,注意一定要调用 setSize()方法确定该画布的大小。下面是把逻辑层和表现层分离的示例。

【例 8-2】在窗体的文本框输入圆形的坐标位置和半径,在画布上绘制出这个圆形。

```
import java.awt.*;
import javax.swing.*;
import java.awt.event.ActionListener;
import java.awt.event.ActionEvent;
class Ovalcanvas extends Canvas{   //逻辑层
    int x,y,r;   //设置变量:x,y 为坐标位置,r 为半径
    //设置画布的大小及背景颜色
    Ovalcanvas(){
        setSize(200,200);
        setBackground(Color.cyan);
    }
    //本方法用于传递圆的坐标位置及半径
    public void setOval(int x,int y,int r){
        this.x=x;
        this.y=y;
        this.r=r;
    }
    //绘制圆形
    public void paint(Graphics g){
        g.drawOval(x,y,2*r,2*r);
    }
}

public class CanvasTest extends JFrame implements ActionListener
{   //表现层
    Ovalcanvas canvas;   //声明画布对象
```

```java
JTextField in_R,in_X,in_Y;    //接收用户输入的数据
JButton btn;
CanvasTest(){  //构造方法,界面初始化
    super("画布上绘制圆");
    setSize(600,300);
    setVisible(true);
    canvas=new Ovalcanvas();
    in_R=new JTextField(6);
    in_X=new JTextField(6);
    in_Y=new JTextField(6);
    setLayout(new FlowLayout());
    add(new JLabel("输入圆的位置坐标:"));
    add(in_X);
    add(in_Y);
    add(new JLabel("输入圆的半径:"));
    add(in_R);
    btn=new JButton("确定");
    btn.addActionListener(this);
    add(btn);
    add(canvas);
    validate();
    setDefaultCloseOperation(EXIT_ON_CLOSE);
}
//通过 setOval()方法将数据传到画布类, 进行图形绘制
public void actionPerformed(ActionEvent e){
    int x,y,r;
    //try-catch 结构用于异常处理
    try {
        x=Integer.parseInt(in_X.getText());
        y=Integer.parseInt(in_Y.getText());
        r=Integer.parseInt(in_R.getText());
        canvas.setOval(x,y,r);
        canvas.repaint();
    }catch(NumberFormatException ee){
        x=0;y=0;r=0;
    }
}
public static void main(String args[]){
```

```
        new CanvasTest();
    }
}
```
程序运行结果如图 8-4 所示。

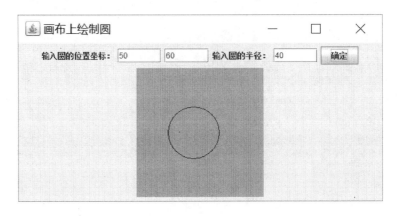

图 8-4　逻辑层和表现层分离的设计模式

[说明]上述程序中 Canvas 是逻辑层,主窗体是表现层;主窗体通过调用绘制圆形的函数 setOval(int[] x, int[] y, int N)把实参传递给形参,从而在 Canvas 画布上绘制出来。

8.3　绘图颜色与画笔属性

本节介绍如何在绘图时对颜色和画笔的相关属性进行设置。

8.3.1　设置颜色

使用 Graphics 类设置颜色,首先要创建颜色类 Color 的对象,创建颜色对象的构造方法为
```
    public Color(int r, int g,int b);
```
其中,整数类型参数 r、g、b 的取值范围为 0～255,分别代表红、绿、蓝三基色。常用颜色的 R、G、B 参数取值如表 8-2 所示。

表 8-2　常用颜色的 RGB 对应值

颜色	R	G	B
红	255	0	0

续表

颜色	R	G	B
蓝	0	255	0
绿	0	0	255
黄	255	255	0
紫	255	0	255
青	0	255	255
白	255	255	255
黑	0	0	0
灰	128	128	128

也可以将 Color 类的静态常量作为颜色对象的参数，这时，创建颜色对象的构造方法为：
`public Color(Color.颜色静态常量);`
其颜色静态常量的常用取值如表 8-3 所示。

表 8-3　常用颜色静态常量

颜色静态常量	对应颜色
Color.BLACK	黑色
Color.BLUE	蓝色
Color.RED	红色
Color.GREEN	绿色
Color.PINK	粉色
Color.YELLOW	黄色
Color.ORANGE	橙色
Color.WHITE	白色
Color.LIGHT_GRAY	浅灰色
Color.DARK_GRAY	深灰色
Color.CYAN	青色

同时，Graphics 类还可以使用如表 8-4 所示的 get/set 方法控制绘图的色彩和使用不同字体，下面是对色彩做出控制的常用方法。

表 8-4　常用的色彩控制方法

方法	说明
getColor()	获得当前图形的色彩

续表

方法	说明
setColor(Color c)	设置当前图形的色彩，参数 Color 为颜色类
getFont()	获得当前字体
setFont(Font font)	设置当前字体，参数 Font 为字体类
getClip()	获取当前的剪贴板内容
setClip(int, int, int, int)	将指定的矩形设置为当前的剪贴区

【例 8-3】绘制色彩填充的笑脸。

```java
import java.awt.*;
import javax.swing.*;

public class Smile extends JFrame{
    Smile(){        //构造函数
        super("简单图形");        //继承父类并设置标题
        setSize(500,500);        //设置大小
        setVisible(true);    //显示可见
        setDefaultCloseOperation(EXIT_ON_CLOSE);    //设置默认关闭
                                                    //方式

    }

    public void paint(Graphics g){
        g.setColor(Color.yellow);            //设置画笔颜色为黄色
        g.fillOval(135,130,210,210);            //绘制笑脸的脑袋
        g.setColor(Color.black);            //设置画笔颜色为黑色
        g.fillArc(170,170,150,150,180,180);    //填充嘴巴半圆
        g.fillOval(180,200,30,30);            //左眼睛
        g.fillOval(280,200,30,30);            //右眼睛
    }

    public static void main(String args[]){
        new Smile();
    }
}
```

程序运行结果如图 8-5 所示。

（彩图请扫二维码）

图 8-5　绘制颜色填充的笑脸

[说明]设置画笔颜色后接下来绘制的颜色即为该设置颜色；每次绘制不同颜色的部件时需要调用 setColor()更改颜色设置。

8.3.2　画笔属性

Graphic 类存在一些不足，如缺少对画笔属性（线条、填充）进行改变的方法，而 Graphics2D 类可以解决这个问题。绘制时，只要将 Graphics 对象强制转化为 Graphics2D 对象就行。

1. 控制线条样式

首先使用 Line2D 类创建直线对象，

```
Line2D line=new Line2D.Double(50,50,120,50);
```

再使用 BasicStroke 类创建一个供画笔 paint()方法选择线条粗细的对象，

```
public BasicStroke(float width,int cap,int join);
```

其中，width 表示画笔线条粗细；cap 表示线条两端的形状，join 表示线条中角的处理，cap 和 join 参数可以传入的静态常量如表 8-5 所示。

表 8-5　线条样式静态常量

参数	方法	说明
cap	CAP_BUTT	无装饰地结束未封闭的子路径和虚线线段
	CAP_ROUND	使用半径等于画笔宽度一半的圆形装饰结束未封闭的子路径
	CAP_SQUARE	使用正方形结束未封闭的子路径，正方形延长线条宽度一半的距离

参数	方法	说明
join	JOIN_BEVEL	通过直线连接宽体轮廓的外角，将路径线段连接在一起
	JOIN_MITER	获取当前的剪贴板内容
	JOIN_ROUND	通过舍去半径为线长的一半的圆角，将路径线段连接在一起

然后，可以通过 setStroke（BasicStroke a）方法设置画笔属性。

【例 8-4】线条属性调整示例。

```java
import java.awt.*;
import javax.swing.*;
import java.awt.geom.*;

public class Brush extends JFrame{
    public Brush(){
        super("设置线条粗细");
        setSize(400,200);
        setVisible(true);
        setDefaultCloseOperation(EXIT_ON_CLOSE);
    }
    public void paint(Graphics g){
        Graphics2D g_2d=(Graphics2D)g;
    BasicStroke bs_1=new
BasicStroke(16,BasicStroke.CAP_BUTT,BasicStroke.JOIN_BEVEL);
        BasicStroke bs_2=new
BasicStroke(16f,BasicStroke.CAP_ROUND,BasicStroke.JOIN_MITER);
        BasicStroke bs_3=new
BasicStroke(16f,BasicStroke.CAP_SQUARE,BasicStroke.JOIN_ROUND);
        Line2D line_1=new Line2D.Double(150,80,250,80);
        Line2D line_2=new Line2D.Double(150,110,250,110);
        Line2D line_3=new Line2D.Double(150,140,250,140);
        //设置不同参数类型的线条
        g_2d.setStroke(bs_1);
        g_2d.draw(line_1);
        g_2d.setStroke(bs_2);
        g_2d.draw(line_2);
        g_2d.setStroke(bs_3);
        g_2d.draw(line_3);}
```

```
public static void main(String args[]){
    new Brush();
}
}
```

程序运行结果如图 8-6 所示。

图 8-6 设置线条粗细

[说明]第一条线使用 CAP_BUTT，JOIN_BEVEL 参数绘制；第二条线使用 CAP_ROUND，JOIN_MITER 参数绘制；第三条线使用 CAP_SQUARE，JOIN_ROUND 参数绘制。

2. 填充图形

Graphics2D 对象可以调用 fill()方法用颜色填充图形。同时，Graphics2D 对象还可以通过 GradientPaint 类定义一个颜色对象，实现渐变颜色填充图形，方法如下：

```
GradientPaint(float x1,float y1,Color color1,floatx2,floaty2,
              Color color2,Boolean cyclic)
```

上面的代码表示从点(x1, y1)到点(x2, y2)进行渐变，cyclic 参数表示是否是循环渐变的。

【例 8-5】用渐变颜色填充图形。

```
import java.awt.*;
import javax.swing.*;
import java.awt.geom.*;
public class Gradient extends JFrame{
    public Gradient(){
        super("渐变色填充图形");
        setSize(400,250);
        setVisible(true);
        setDefaultCloseOperation(EXIT_ON_CLOSE);
```

```
    }

    public void paint(Graphics g){
        Graphics2D g_2d=(Graphics2D)g;
        GradientPaint gradient_1=new
    GradientPaint(50,50,Color.green,100,50,Color.yellow,false);
        g_2d.setPaint(gradient_1);
        Rectangle2D   rect_1=new   Rectangle2D.Double(50,50,100,
50);
        g_2d.fill(rect_1);
        GradientPaint gradient_2=new
    GradientPaint(60,50,Color.red,150,50,Color.white,true);
        g_2d.setPaint(gradient_2);
        Rectangle2D    rect_2=new     Rectangle2D.Double(100,100,
150,100);
        g_2d.fill(rect_2);
    }

    public static void main(String args[]){
        new Gradient();
    }
}
```

程序运行结果如图 8-7 所示。

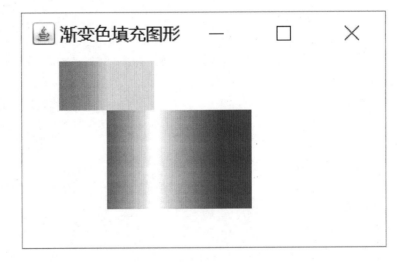

（彩图请扫二维码）

图 8-7　渐变颜色填充图形

[说明]gradient_1 为由绿色到黄色非循环渐变的方块；gradient_2 为中间白色向红色循环渐变的方块。

8.4　绘　制　文　本

本节主要介绍如何用 Java 绘制文本，并设置字体、大小等文本属性。

8.4.1　设置字体

设置字体的基本语句为：

```
Font f=new Font(String name,int style,int size);
```

其中 name 为逻辑字体名，style（风格）可以选择 Font.PLAIN（正常字体）、Font.BOLD（黑体）或 Font.ITALIC（斜体），size 是字号大小，字号越大字体越大。可以用 Graphics 类的 setFont（Font f）方法来设置字体。

8.4.2　显示文字

Graphics2D 还可以实现在图形上显示文字，其方法有重载形式：

```
drawstring(String str,int x,int y)
drawstring(String str,float x,float y)
```

其中，str 是要绘制的文本字符串，x 是要绘制的字符串的水平起始位置，y 是要绘制的字符串的垂直起始位置。

【例 8-6】一个简单的程序。

```
import java.awt.*;
import javax.swing.*;
public class FontTest extends JFrame{
    String[] FONTS={"Dialog","DialogInput","Monospaced","Serif",
"SansSerif"};
    String TEXT="字体示例";
    public FontTest(){
        super("字体");
        setSize(320,320);
        setVisible(true);
        setDefaultCloseOperation(EXIT_ON_CLOSE);
    }
    public void paint(Graphics g){
        for(int i=0;i<FONTS.length;i++){
```

```
        g.setFont(new Font(FONTS[i],Font.PLAIN,12));
        g.drawString(FONTS[i]+"(plain):"+TEXT,10,20* i+40);
    }
    for(int i=0;i<FONTS.length;i++){
        g.setFont(new Font(FONTS[i],Font.BOLD+Font.IT- ALIC,
        14));
        g.drawString(FONTS[i]+"(bold,italics):"+TEXT,10,20*
        i+ 180);
    }
}
public static void main(String args[]){
    new FontTest();
}
}
```

程序运行结果如图 8-8 所示。

图 8-8　各类字体示例

[说明]"Dialog", "DialogInput", "Monospaced", "Serif", "SansSerif"为五种字体；括号里的内容为该字体的格式（有无加粗和斜体）。

8.5 绘 制 图 片

在程序开发中，时常需要绘制图片，本节介绍如何使用 Java 绘制图片。

1. 创建图片对象

由于图片最终要在屏幕中显示出来，java.awt 的 Component 类提供了一个 createImage() 方法来生成 Image 图片对象。createImage()方法有两种形式：

```
Image createImage(ImageProducer imgProd);
Image createImage(int width,int height);
```

2. 加载图像

获得图像的另一种方法是加载图像。这可以通过很多类（如 Applet 类等）定义的 getImage()方法来实现。Applet 类的 getImage()方法有以下形式：

```
Image getImage(URL url)
Image getImage(URL url,String imageName)
```

3. 显示图像

显示图像可以用 drawImage()方法，drawImage()是 Graphics 类的方法。它有好几种形式，常用方法为：

```
boolean drawImage(Image imgObj,int left,int top,ImageObserver imgOb)
```

其中，left 和 top 为图片距离左侧和顶端的距离，ImageObserver 表示的是要放置图像的对象。

8.6　图　像　处　理

加载完图片后，需要对其进行放大与缩小、图像翻转、图像旋转和图像倾斜等操作，以完善程序中的图片显示，本节分别对这几种图像处理方式进行介绍。

8.6.1　放大与缩小

在绘制图片部分，使用了 drawImage()方法将图片以原始大小显示于窗体，如果想对图片进行放大与缩小操作，可以使用它的重载方法，语法如下：

```
boolean drawImage(Image imgObj,int left,int top,int
        width,int height,ImageObserver imgOb)
```

其中，width 和 height 为对图片放大或者缩小后的图片宽和高。

还可以使用 getScaledInstance(int width, int height, int hints)先将图片的宽和高提前传入临时变量存储信息，后续直接将该变量传入绘制，其中 hints 有五个选项：

```
image.SCALE_SMOOTH              //平滑优先
image.SCALE_FAST                //速度优先
image.SCALE_AREA_AVERAGING      //区域均值
image.SCALE_REPLICATE           //像素复制型缩放
image.SCALE_DEFAULT             //默认缩放模式
```

【例 8-7】 图片绘制与放大和缩小。

```java
import java.awt.*;
import javax.swing.*;
public class BiggerSmaller extends JFrame {
    public JPanel jp=new JPanel(){
        //加载指定图片获取 Image 对象
        Image img=Toolkit.getDefaultToolkit().getImage("d:\\
          head.jpg");
                //将图像进行缩放
        Image tempimg1=img.getScaledInstance(300,200,Image.
          SCALE_SMOOTH);
        Image tempimg2=img.getScaledInstance(150,100,Image.
          SCALE_SMOOTH);

        public void paint(Graphics g){
                //绘制原始图像
            g.drawImage(img,10,10,this);
                //绘制缩放后图像
            g.drawImage(tempimg1,600,10,this);
            g.drawImage(tempimg2,900,10,this);
        }
    };

    public BiggerSmaller(){
        this.add(jp);      //将画布添加进窗体
        //加载图像
        Image  icon=Toolkit.getDefaultToolkit().getImage
          ("d:\\head.jpg");
        this.setIconImage(icon);     //设置窗体图标
        this.setTitle("图像绘制示例");
        this.setBounds(100,100,1200,720);
        this.setVisible(true);
        this.setDefaultCloseOperation(JFrame.EXIT_ON_
          CLOSE);
    }

    public static void main(String args[]){
        new BiggerSmaller();
```

```
        }
    }
```
程序运行结果如图 8-9 所示。

图 8-9 图片绘制与放大和缩小

[说明]图 8-9 中绘制的分别是原图像和缩小过的两个图像；上述程序中是先将要绘制的缩放后的图像信息存在一个临时变量里，在绘制时再传入的。

8.6.2 图像翻转

图片的缩放需要将 drawImage()方法重载为另一种形式，将原图形的坐标位置和翻转后的图像位置分别用坐标表示，通过两个坐标点的映射关系，实现图片的翻转，具体坐标形式如下：
```
boolean drawImage(Image imgObj,int bx1,int by1,int bx2,int by2,int ax1,
        int ay1,int ax2,int ay2,ImageObserver imgOb)
```
（bx1，by1）和（bx2，by2）为翻转后坐标点的位置，（ax1，ay1）和（ax2，ay2）为原坐标点的位置。

【例 8-8】一个简单的程序。
```
import java.awt.*;
import javax.swing.*;
public class Turnover extends JFrame {
    public JPanel jp=new JPanel(){
        //加载指定图片获取 Image 对象
        Image img=Toolkit.getDefaultToolkit().getImage("d:\\head.
          jpg");
        public void paint(Graphics g){
```

```
        //绘制原始图像
        g.drawImage(img,0,0,1100,700,1100,700,0,0,this);
    }
};

public Turnover(){
    this.add(jp);//将画布添加进窗体
    //加载图像
    Image icon=Toolkit.getDefaultToolkit().getImage("d:\\head.
      jpg");
    this.setIconImage(icon);//设置窗体图标
    this.setTitle("翻折示例");
    this.setBounds(100,100,1100,780);
    this.setVisible(true);
    this.setDefaultCloseOperation(JFrame.EXIT_ON_CLOSE);
}

public static void main(String args[]){
    new Turnover();
}
}
```

程序运行结果如图 8-10 所示。

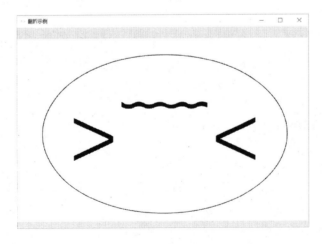

图 8-10　图片翻转

[说明]图 8-10 为对原图像上下翻转。

8.6.3　图像旋转

图像的翻转函数为 rotate()，该函数来自 Graphics2D 类，需要传入一个 theta 参数表示旋转的弧度，其语法如下：

```
rotate(double theta)
```

需要注意的是，rotate()方法只接受旋转的弧度参数，如果需要传入角度，可以使用 Math 类的 toRadians()方法将角度先转为弧度再传入参数。

【例 8-9】旋转示例。

```java
import java.awt.*;
import javax.swing.*;
public class RotateTest extends JFrame {
    public JPanel jp=new JPanel(){
        //加载指定图片获取 Image 对象
        Image img=Toolkit.getDefaultToolkit().getImage("d:\\
          head.jpg");
        public void paint(Graphics g){
            Graphics2D g2=(Graphics2D)g;
            g2.rotate(Math.toRadians(5));
            g2.drawImage(img,10,10,this);
        }
    };

    public RotateTest(){
        this.add(jp);      //将画布添加进窗体
        //加载图像
        Image icon=Toolkit.getDefaultToolkit().getImage("d:\\
          head.jpg");
        this.setIconImage(icon);     //设置窗体图标
        this.setTitle("旋转示例");
        this.setBounds(100,100,1300,800);
        this.setVisible(true);
        this.setDefaultCloseOperation(JFrame.EXIT_ON_CLOSE);
    }

    public static void main(String args[]){
        new RotateTest();
    }
```

```
        }
```
程序运行结果如图 8-11 所示。

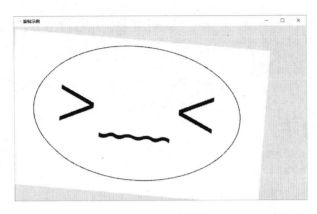

图 8-11　图片旋转

[说明]图 8-11 是将原图片顺时针旋转了 5°(角度),需要使用 toRadians()将角度先转换为弧度;注意 rotate()函数属于 Graphics2D 类,需先将传入的 Graphics 类的画笔 g 做一个强制转换再调用该函数。

8.6.4　图像倾斜

使用 Graphics2D 类中的 shear()方法设置绘图的倾斜方向,使图片获得倾斜效果,其基本语法如下:
```
shear(double x,double y)
```
其中,x 表示水平方向的倾斜量,y 表示垂直方向的倾斜量。

【例 8-10】一个简单的程序。
```
import java.awt.*;
import javax.swing.*;
public class ShearTest extends JFrame {
    public JPanel jp=new JPanel(){
        //加载指定图片获取 Image 对象
        Image img=Toolkit.getDefaultToolkit().getImage("d:\\
          head.jpg");
        public void paint(Graphics g){
            Graphics2D g2=(Graphics2D)g;
            g2.shear(0.3,0);
            g2.drawImage(img,10,10,this);
        }
    };
```

```java
public ShearTest(){
    this.add(jp);      //将画布添加进窗体
    //加载图像
    Image icon=Toolkit.getDefaultToolkit().getImage("d:\\
      head.jpg");
    this.setIconImage(icon);//设置窗体图标
    this.setTitle("倾斜示例");
    this.setBounds(100,100,1400,800);
    this.setVisible(true);
    this.setDefaultCloseOperation(JFrame.EXIT_ON_CLOSE);
}

public static void main(String args[]){
    new ShearTest();
}
}
```

程序运行结果如图 8-12 所示。

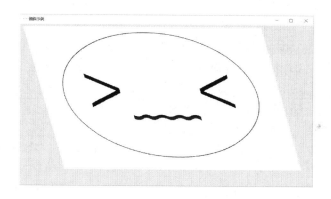

图 8-12　图片倾斜

[说明]图 8-12 为水平方向倾斜了 0.3 的图片；同样要注意属于 Graphics2D 类的函数需先将传入的 Graphics 类的画笔 g 做一个强制转换再调用该函数的问题。

8.7　小　　结

　　本章内容主要介绍了绘图与图像处理的相关内容，其基类是 Graphics 类，而如果需要实现更多的绘图操作可以使用 Graphics2D 类。本章首先介绍了画布和画笔的相关概念，然后详细讲述了如何调节绘图颜色和更改绘图画笔的相关内容。除此之外，还对如何使用

Java 绘制文本、绘制图片及对图片做出如缩小和放大、翻转、旋转、倾斜等操作进行了讲述，通过本章内容的学习，读者可以掌握 Java 中绘图与图像处理的基本技能。

8.8 习　　题

1. 用来获取当前颜色的方法为（　　）。

A. getColor()　　　　　　B. setColor()　　　　　　C. getRed()　　　　　　D. Color()

2. 下列各种绘制矩形的方法中，绘制实心矩形的方法是（　　）。

A. fillRect()　　　　　　B. drawRect()　　　　　　C. clearRect()　　　　　　D. drawRoundRect()

3. 下列演示图像的描述中，错误的是（　　）。

A. 使用图像类 Image 定义图像对象

B. 使用 getImage()方法获取图像信息

C. 使用 drawImage()方法显示图像

D. 不可使用显示图像的方法进行缩放

4. 在创建颜色对象时，使用了如下代码：Color color=new Color(1, 2, 3);，其中数字"2"表示（　　）。

A. 红色分量　　　　　B. 蓝色分量　　　　　C. 绿色分量　　　　　D. 黄色分量

5. rotate()方法可以用于旋转图像，它位于（　　）类中。

A. Graphics　　　　　B. Graphics2D　　　　　C. Graphics3D　　　　　D. Image

6. Graphics 类和 Graphics2D 类之间的关系是（　　）。

A. Graphics 类是 Graphics2D 类的子类

B. Graphics 类是 Graphics2D 类的父类

C. Graphics 类是 Graphics2D 类的内部类

D. Graphics 类是 Graphics2D 类的外部类

7. Font 类，提供了一些字段来设定字体的样式。如果需要将字体设置成倾斜的样式，可以使用（　　）字段。

A. BOLD　　　　　　B. ITALIC　　　　　　C.PLAIN　　　　　　D.ITALIC+PLAIN

8. drawLine（0，10，20，30）的作用是（　　）。

A. 绘制直线，从坐标为（0，10）的点到坐标为（20，30）的点

B. 绘制直线，从坐标为（0，20）的点到坐标为（10，30）的点

C. 绘制矩形，左上角坐标为（0，10），矩形宽度是 20 像素，高度是 30 像素

D. 绘制矩形，左上角坐标为（0，10），矩形宽度是 30 像素，高度是 20 像素

9. Graphics 类属于_____包。

10. 绘制图形的主要方法有 paint()、_____、_____。

11. 获得当前图形颜色的方法是_____。

12. 简述 Graphics 类和 Graphics2D 类的主要区别。

13. 简述 paint()、update()、repaint()方法的关系。

第 9 章　Java Applet

Java Applet 是用 Java 语言编写的一种小型应用程序，可以直接嵌入网页中，产生一些特殊效果，实现图形绘制、字体和颜色控制、动画和声音的插入、人机交互及网络交流等功能，本章将对 Java Applet 进行详细介绍。

9.1　HTML 与 Applet 简介

Java Applet 程序是 Java 语言中一种特殊的嵌入式程序，直接嵌入页面中，由支持 Java 的浏览器内置的 JVM 解释执行。它提高了 Web 页面的交互能力和动态执行能力，同时还能处理图像、声音、动画等多媒体数据，因而在现在仍被广泛使用。Applet 可以捕获鼠标输入，也有按钮或复选框等控件，它还能响应用户动作，并据此改变显示的图形内容。这些特点使 Applet 非常适合演示、可视化和教学。

除了在图形显示方面的功能外，Applet 也可以只是一个文本区域。例如，为远程系统提供跨平台的命令行界面。如果需要的话，Applet 可以离开专用区域并作为单独的窗口运行。同时，Applet 还可以播放浏览器本身不支持的格式的媒体。在实际应用中，HTML 页面可以嵌入传递给 Applet 的参数，相同的 Applet 可能会根据传递的参数以不同的方式显示。

HTML 是用来描述网页的一种语言，又称为超文本标记语言（hyper text markup language）。它不是一种编程语言，而是一种描述网页的标记语言。HTML 中的内容是用一对标记标签包裹着描述的，前后分别称作开始标签和结束标签，每个标签用尖括号括起来。因为网页文件本身是一种文本文件，在文本文件中添加 HTML 的标记符，可以告诉浏览器如何显示其中的内容（如文字如何处理，画面如何安排，图片如何显示等），从而完成现在使用的网页的种种功能。Java Applet 程序同样可以通过标记标签嵌入 HTML 网页中。

9.2　Applet 的工作原理

Java Applet 程序中的实现主要依靠 java.applet 包中的 Applet 类。因此在编写 Applet 程序时，需要用 import 引入相关的包。这个子类又称作 Java Applet 程序的主类，必须定义为 public 类型。

Applet 类是一个容器，和 Java Swing 中的 JFrame 窗体类似，可以容纳各种组件，如按钮、标签、列表框、文本框等。

但与一般的应用程序不同，Applet 不能独立运行。它必须嵌入在 HTML 页面中，才能得到解释执行；同时，Applet 可以从 Web 页面中获得参数，并和 Web 页面进行交互。

具体工作过程如下：编译器将 Applet 源程序编译成 Java 字节码后，在网页中加载 Java

字节码，当用户浏览嵌入了 Applet 的网页时，Web 服务器将编译好的 Java 字节码送至客户端的浏览器中，利用浏览器本身的 Java 解释器执行。此时，JDK 的 appletviewer 会读取 Applet 的 HTML 文件，并在一个窗口中运行它们，如图 9-1 所示。

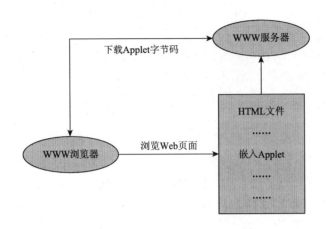

图 9-1　Applet 程序工作原理

9.3　Applet 的创建

一个 Applet 程序的基本结构如下：
```
import java.applet.Applet 类的子类;
public class 类名 extends java.applet.Applet 类的子类 {
    public void init(){
        程序内容
    }
}
```
下面用一个简单的例子演示如何创建一个简单的 Applet 程序。

【例 9-1】一个简单的 Applet 程序。
```
import javax.swing.JApplet;
import javax.swing.JLabel;
public class HelloWorldApplet extends JApplet {
    public void init(){
        JLabel label=new JLabel("Hello World! ");
        add(label);
    }
}
```
程序运行结果如图 9-2 所示。

[说明]需要导入相关库文件；HelloWorldApplet 继承自 JApplet 类；初始化方法 init()是程序入口；实例化一个 JLabel 类，显示"Hello World!"内容并添加进容器。

图 9-2　编译 Applet 程序

9.4　HTML 中 Applet 标签的使用

要想运行创建的 Applet 程序，使用<applet>标签是在 HTML 文件中嵌入 Applet 的基础。在 HTML 中嵌入 Applet 标签的基本格式为

<applet code=编译好的 applet 的.class 文件　height=高度　width=宽度>内容</applet>

以下是调用例 9-1 中简单的 Applet 程序的例子。

【例 9-2】在 HelloWorldApplet.html 中嵌入 Applet 程序。

```
<html>
    <body>
        <applet code="HelloWorldApplet.class" width=200 height=
        100></applet>
    </body>
</html>
```

程序运行结果如图 9-3 和图 9-4 所示。

图 9-3　通过 appletviewer 运行 Applet 程序

[说明]运行前需要先将.java 文件编译成.class，并嵌入<Applet>标签中的 code 属性；width 属性代表显示窗口的宽度，height 属性代表显示窗口的高度；编写时需要将例 9-1 编译后的.class 文件放入与 HelloWorldApplet.html 同一目录下；运行时需在命令符界面输入 appletviewer HelloWorldApplet.html 运行该 HTML 文件。

注意：HTML5 中不支持<applet>标签，需要使用 object 元素标签代替。

对于<applet>标签，常用的属性如表 9-1 所示。

图 9-4　简单的 Applet 程序运行结果

表 9-1 <applet>标签常用属性表

是否必需	属性	值	含义
必需属性	code	URL	规定 Java Applet 的文件名
	object	name	定义了包含该 Applet 的一系列版本的资源名称
可选属性	align	left, right, top, bottom, middle, baseline, texttop, absmiddle, absbottom	定义 Applet 相对于周围元素的对齐方式
	alt	text	规定 Applet 的替换文本
	archive	URL	规定档案文件的位置
	codebase	URL	规定 code 属性中指定的 Applet 的基准 URL
	height	pixels	定义 Applet 的高度
	hspace	pixels	定义围绕 Applet 的水平间隔
	name	unique_name	规定 Applet 的名称（用在脚本中的）
	vspace	pixels	定义围绕 Applet 的垂直间隔
	width	pixels	定义 Applet 的宽度

9.5 Applet 的生命周期

Applet 程序没有 main()方法，当特定事件发生时会调用相应方法，构成它的生命周期。

（1）init()方法：Applet 程序初始化，只能执行一次。

（2）start()方法：初始化后执行，当从其他页面返回到包含该 Applet 程序的页面时，也会执行该方法。

（3）paint(Graphics g)方法：每当 Applet 显示内容需要刷新时被调用。

（4）stop()方法：暂停，当用户离开包含 Applet 的页面时，将调用该方法。

（5）destroy()方法：销毁，该方法仅在用户正常关闭浏览器时被调用。上述方法由 Applet 程序自动执行，不应该直接调用，只需根据需要重写覆盖其中的方法。

另外，小程序通常在图形环境下使用 paint()方法绘制要显示的内容，而应用程序中一般是使用 System.out.println()方法输出要显示的内容。在浏览器中，每当 Applet 显示内容需要刷新时，paint()方法都会被调用，一般的程序功能也是放到这个方法内来实现，下面通过一个例子来说明小程序的生命周期。

【例 9-3】Applet 程序生命周期示例文件——LifeCycleApplet.java 文件。

```
import javax.swing.JApplet;
import java.awt.*;
public class LifeCycleApplet extends JApplet {
    int a, b;
```

```
public void init(){
    System.out.println("Applet 初始化阶段，init()方法调用");
}
public void start(){
    System.out.println("Applet 开始阶段，start()方法调用");
    a=6;
    b=7;
    a=a+b;
}
public void stop(){
    System.out.println("Applet 暂停阶段,stop()方法调用");
}
public void destroy(){
    System.out.println("Applet 销毁阶段,destroy()方法调用");
}
public void paint(Graphics g){
    g.setColor(Color.blue);
    g.drawString("Applet 生命周期示例",20,40);
    g.setColor(Color.red);
    g.drawString("输出 a+b 的值"+a,20,60);
}
}
```

Applet 程序生命周期网页 LifeCycleApplet.html

```
<html>
    <body>
        <applet code="LifeCycleApplet.class" width=200 height=
        100></applet>
    </body>
</html>
```

程序运行结果如图 9-5 和图 9-6 所示。

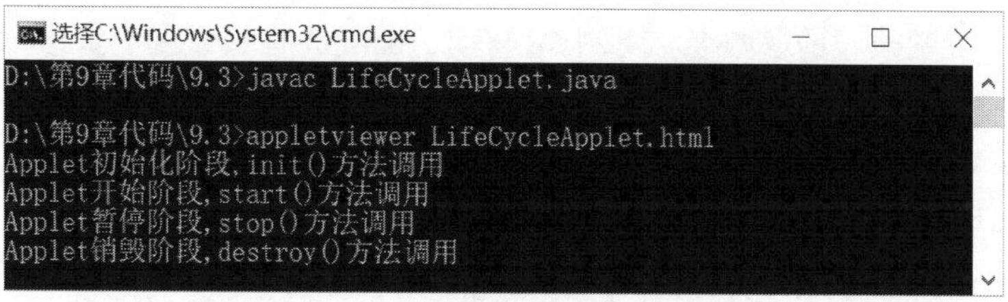

图 9-5　Applet 生命周期示例程序编译及运行

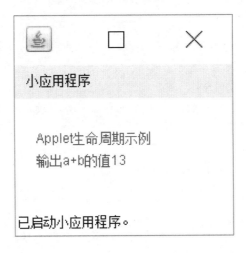

图 9-6　Applet 生命周期程序运行结果

[说明]上述程序分别用五个方法展示了 Applet 的生命周期，每个方法会输出对应生命周期阶段；在 start()阶段主要是程序核心功能，这里是求 a 和 b 的和；paint()方法用于显示绘制窗口需要显示的相关内容。

9.6　Applet 在 Web 中的应用

Java Applet 小程序可以嵌入 HTML 网页中在 Web 上运行，增强 Web 网页的表现能力和交互方式，本节将对 Applet 程序在 Web 上的主要应用进行介绍。

1. 向 Applet 传递参数

Java Applet 运行在浏览器 HTML 页面中，同时可以接收 HTML 页面传递进来的参数。

```
<applet code=".....。" width=437 height=200>
    <param name="参数名" value="参数值">

    ......

</applet>
```

在 Applet 程序中通过 getParameter(String arg)方法获取<param>标签提供的参数。arg 参数是<param>标签设置的参数名称。例如，获取<param>标签设置的价格参数 "price"，代码如下：

```
public void init(){
    String priceArg=getParameter("price");
    float price=Float.parseFloat(priceArg);   //把获取的 String 参
                                                数转化为 float

    ......
```

```
        }
```

下面通过一个例子来介绍参数传递的具体做法。

【例 9-4】滚动字幕程序参数传递示例。

```java
import java.awt.Color;
import java.awt.Graphics;
import javax.swing.JApplet;
public  class  ScrollingMarquee  extends  JApplet  implements
Runnable {
    String str;
    int time;
    private Thread thread;
    public void init(){
        setBackground(Color.PINK);
        str=getParameter("message");//获取网页传递的内容
        String timeArg=getParameter("time");
        time=Integer.parseInt(timeArg);//获取网页传递的滚动字幕停
                                             顿时间
        thread=new Thread(this);
    }
    public void start(){
        thread.start();
    }
    public void run(){
        int x=0;
        Graphics g=getGraphics();
        while(true){
            try {
                Thread.sleep(time);
            } catch(Exception e){//捕获异常,sleep 可能出现异常
                e.printStackTrace();
            }
            g.clearRect(0,0,getWidth(),getHeight());//清除字幕
            g.drawString(str, x, 30);//重显字幕
            x+=2;    //字幕右移两步
            if(x>=getWidth())   //字幕到右边向左边回滚
                x=0;
        }
    }
```

```
}
```

【滚动字幕网页 ScrollingMarquee.html】

```html
<html>
    <body>
        <applet code="ScrollingMarquee.class" width=600 height=
          60>
            <param name="message" value="我是一串会跑来跑去哒字幕~">
            <param name="time"value="100">
        </applet>
    </body>
</html>
```

程序运行结果如图 9-7 和图 9-8 所示。

图 9-7　滚动字幕参数传递示例程序编译及运行

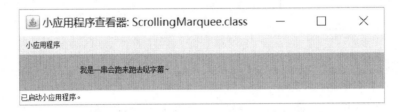

图 9-8　滚动字幕参数传递示例程序运行结果

[说明]本程序主要功能是显示一串会循环移动的字幕；获取网页内容后要注意类型转换以使参数传递的类型匹配；注意捕获程序中可能产生的异常；字幕的移动是通过不断重新绘制实现的。

2. 显示图像

如果需要利用 Applet 显示图像，首先需要对图片资源进行载入。一般通过 getImage() 方法来实现对图像的载入，格式如下：

```java
public Image getImage(URL url);
public Image getImage(URL url,String name);
```

其中，url 代表文件的路径。而在开发 Java Swing 桌面应用程序时，可以直接根据路径加载图片文件，但是在 Web 应用中的路径是以 URL 为基础的，所以 Applet 程序必须配合 URL 类才能正确找到资源文件。

　　URL 类位于 java.net 包中，该类用来处理有关文件路径的相关内容。而创建 URL 类的实例可能会抛出异常，必须捕获并处理该异常，以使程序能继续运行，抛出和捕获创建 URL 实例异常的代码示例如下：

```
try{
    URL url=new URL("http://localhost");
} catch(MalformedURLException e){
    e.printStackTrace();
}
```

其中，MalformedURLException 异常代表因为 url 路径格式错误而产生的异常。

　　下面详细介绍 Applet 怎样使用 getImage()方法获取图片。

　　1）使用 URL 绝对路径

```
try {
    URL resUrl=new URL("http://www.sina.com/images/corn.jpg");
    image=getImage(resUrl);
} catch (MalformedURLException e) {
    e.printStackTrace();
}
```

　　注意：Applet 程序和将要获取的资源文件（如图片和音频文件等）必须存放在同一个服务器中，由于 Applet 程序的安全限制，它不能够访问其他服务器上的文件。

　　2）使用 URL 相对路径

　　getImage(URL url, String name)方法可以用来获取 URL 的相对路径。其中，url 表示给出图片文件基本位置的绝对 URL 路径；name 表示图片位置的相对路径，该路径相对于 url 参数。下面是一个例子：

```
try {
    URL url=new URL("http: //www.sina.com.cn/images/");
    image=getImage(url,"corn.jpg");
} catch(MalformedURLException e){
    e.printStackTrace();
}
```

　　另外，当前网页文件的 URL 路径可以使用 getCodeBase()方法获取，getCodeBase()方法可以返回当前.class 文件的所在路径，这样可以基于网页文件的位置获取资源文件，并且不需要捕获和处理 URL 异常，格式为

```
Image image=getImage(getCodeBase(),"corn.jpg");
```

　　下面根据上述内容，给出一个图像显示的 Applet 示例。

　　【例 9-5】图像显示示例程序 ImgPlayer.java。

```
import java.awt.Graphics;
import java.awt.Image;
import javax.swing.JApplet;
```

```
public class ImgPlayer extends JApplet {
    private Image img;
    public void init(){
        img=getImage(getCodeBase(),"head.jpg");     //获取主类的
                                                URL(.class 文件目录)

    }
    public void paint(Graphics g){
        g.drawImage(img,10,10,this);
    }
}
```

【图像显示网页 ImgPlayer.html】

```
<html>
    <body>
        <applet  code="ImgPlayer.class" width=1114  height=659>
</applet>
    </body>
</html>
```

程序运行结果如图 9-9 和图 9-10 所示。

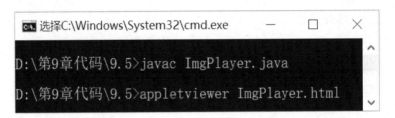

图 9-9　显示图像示例程序编译及运行

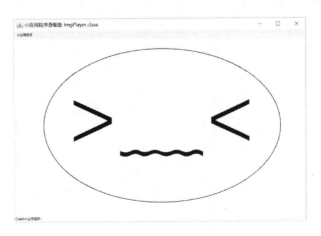

图 9-10　显示图像示例程序运行结果

[说明]本程序主要用于在窗口显示 head.jpg 图像文件；注意把 head.jpg 文件放入和 HTML 文件同一目录下。

3. 播放音频

利用 Applet 程序播放音频、视频等多媒体资源，和图像处理一样，首先需要 Apple 对音频资源进行 URL 路径定位，载入资源进行播放。Applet 程序可以使用 AudioClip 接口提供的相关 API 来实现音频播放、停止和循环播放，支持的主要音频格式有 AIFF、AU、MIDI、WAV、RMF 等。

AudioClip 接口中定义了三个常用方法。

1）play()，播放音频

play()方法有两种重载形式：

```
public void play(URL url);
public void play(URL url,String name);
```

上述方法中 url 代表音频位置的绝对路径，name 表示相对于 url 参数的相对路径，该方法的功能是播放给定参数路径下的音频文件。如果未能找到，则不播放任何内容。

2）stop()，停止播放

该方法的完整形式如下：

```
public void stop()
```

它由浏览器或 applet viewer 调用，通知此 Applet 它应该终止执行。当包含此 Applet 的 Web 页已经被其他页替换时，此方法仅在 Applet 被销毁前调用。

3）loop()，循环播放

该方法的完整形式为：

```
public void loop()
```

该方法会循环播放当前指定的音频。

如果要想获取 URL 参数指定的 AudioClip 对象，可以使用 getAudioClip()方法，它有两种重载形式。

绝对路径的形式为：

```
getAudioClip(URL url)
```

相对路径的形式为：

```
getAudioClip(URL url,String name)
```

其参数含义与前面相同。使用上述方法创建 AudioClip 对象时的基本格式为

```
    try {
        URL url=new URL(getCodeBase()+"08.WAV");
        AudioClip audio=newAudioClip(url);
    } catch(MalformedURLException e){
        e.printStackTrace();
    }
```

下面通过一个例子来介绍如何使用 Applet 程序播放音频。

【例 9-6】音频播放示例程序 AudioPlayer.java。

```java
import java.applet.AudioClip;
import javax.swing.JApplet;
public class AudioPlayer extends JApplet {
    public void start(){
        play(getCodeBase(),"Audio.WAV");
    }
}
```

【音频播放网页 AudioPlayer.html】

```html
<html>
    <body>
        <applet code="AudioPlayer.class" width=200 height=100>
        </applet>
    </body>
</html>
```

程序运行结果如图 9-11 和图 9-12 所示。

图 9-11　音频播放示例程序编译及运行

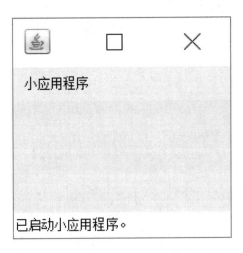

图 9-12　音频播放示例程序运行结果

[说明]本程序主要用于在窗口显示 head.jpg 图像文件；注意把 Audio.wav 文件放入和 HTML 文件同一目录下。

9.7　Appplet 安全

对于 Java Applet 程序，Web 浏览器中有强制执行的严格的安全规则，而 Applet 的安全机制又被称为"沙箱安全"。为保证用户不受网络上的恶意不安全程序影响，多数浏览器在 Applet 安全方面受到诸多的限制，几乎不能对系统进行任何"读"或"写"的操作，就好像被控制在一个"沙盒"中。下面对 Applet 中相关的安全规则进行详细介绍。

9.7.1　Applet 安全控制

从 Web 上下载的 Java Applet 可以在支持 Java 的 Web 浏览器或 J2SE 自带的 Java appletviewer 中运行。但是通常来说，从网络或远程资源下载的 Applet 会被视为不可信的，只有安装在本地文件系统或在本地主机上执行的 Applet 才能够被信任。Applet 安全控制将禁止从 Internet 或任何远程资源下载的 Java Applet 在客户端的主机系统中进行读写文件和创建网络连接的操作。除此之外，它们在客户端主机系统中启动其他程序、加载库和执行本机调用的权限同样也会被禁止。

此外，Applet 签名为这些从网络或远程资源上获得的 Java Applet 提供了验证方法，能够证明自己是从可靠的源下载的且是可信的，运行时可以赋予策略文件指定的权限。

在 Web 浏览器中，Java 插件提供了一个通用框架，并支持使用 JRE 在浏览器中安全地部署 Applet。当下载 Applet 时，Java 插件允许浏览器安装所有类文件，然后运行 Applet。每当 Applet 在支持 Java 的 Web 浏览器中开始运行时，都将自动安装安全管理器。除非在 Java 安全策略文件中明确地对其授予权限，否则所有下载的 Applet 都不能访问客户端主机的资源。

9.7.2　Applet 沙箱

在 Java 中，为了防止用户系统受到通过网络下载的不安全程序的破坏，Java 提供了 1 个自定义的可以在里面运行 Java 程序的"沙箱"。Java 的安全性允许用户从 Internet 或远程资源上引入和运行 Applet，Applet 的行动被限制于它的"沙箱"，Applet 可以在沙箱里做任何事情，但不能读或修改沙箱外的任何数据，沙箱可以禁止不安全程序的很多活动，如对硬盘进行读写、和别的主机（不包括程序所在的主机）进行网络连接、创建 1 个新进程、载入 1 个新的动态库并直接调用本地方法。

"沙箱"模型的思想是在信任的环境中运行不信任的代码，这样即使用户不小心引入了不安全的 Applet，Applet 也不会对系统造成破坏。"沙箱"模型是内建于 Java 结构的，它主要由以下几部分构成：内建于 Java 虚拟机和语言的安全特性、类的载入结构、类文件校验器、安全管理器和 Java API。

9.8 小　　结

本章对 Java Applet 程序进行了简单的介绍。介绍的内容包括：HTML 与 Applet 基本知识、Applet 的工作原理与创建、HTML 中 Applet 标签的使用、Applet 生命周期和 Applet 安全。在本章内容中大家着重把握 Applet 中的一系列方法和嵌入 HTML 中的方式，同时大家也需要明白 Applet 由安全机制造成的局限性。

9.9 习　　题

1. 要嵌入 HTML 中运行的程序是（　　）。

A. Java Applet　　　　　B. Java 程序　　　　　C. class 程序　　　　　D. Java 字节码程序

2. 下面关于 Applet 的说法正确的是（　　）。

A. Applet 也需要 main 方法

B. Applet 必须继承 Java.awt.Applet

C. Applet 能访问本地文件

D. Applet 程序不需要编译

3. 下面说法正确的是（　　）。

A. Applet 类需要从 Java 的一个包中载入

B. Applet 可以没有主类

C. Applet 不是 Java.lang.Object 的子类

D. Applet 是 Java 语言的关键字

4. Java Applet 中相当于 main()方法的程序入口是（　　）。

A. stop()　　　　　　　B. destory()　　　　　C. start()　　　　　　D. init()

5. Applet 类是属于（　　）包的。

A. java.awt　　　　　　B. java.applet　　　　　C. java.io　　　　　　D. java.lang

6. 下列关于向 Applet 程序传递参数的描述中，错误的是（　　）。

A. Applet 程序可以通过命令行获取外部参数

B. Applet 程序可以通过 HTML 文件获取外部参数

C. 使用 Applet 标记中的 PARAM 标志来实现

D. Applet 程序中使用 getParameter()方法读取参数值

7. 下列用来获取当前颜色的方法是（　　）。

A. getColor()　　　　　B. setColor()　　　　　C. getRed()　　　　　D. Color()

8. 下列各种绘制矩形的方法中，绘制实心矩形的方法是（　　）。

A. fillRect()　　　　　　B. drawRect()　　　　　C. clearRect()　　　　　D. drawRoundRect()

9. 下列演示图像的描述中，错误的是（　　）。

A. 使用图像类 Image 定义图像对象

B. 使用方法 getImage()获取图像信息

C. 使用方法 drawImage()显示图像

D. 不可使用显示图像的方法进行缩放

10. _____、_____、_____、_____四个方法构成 Applet 程序的生命周期。

11. Applet 程序中的_____必须是 Applet 类的子类。

12. _____方法被系统自动调用来启动主线程运行。通常在 Applet 程序被重新启动时，该方法被系统自动调用。

13. 当前网页文件的 URL 路径可以使用_____方法获取。

14. 简述 Java Applet 的作用。

参 考 文 献

刘彦君，张仁伟，满志强. 2018.Java 面向对象思想与程序设计. 北京：人民邮电出版社出版.

邢国波，等. 2019. Java 面向对象程序设计. 北京：清华大学出版社.

杨晓燕，李选平. 2015. Java 面向对象程序设计实践教程（第 3 版）. 北京：人民邮电出版社出版.

袁绍欣，等. 2012. Java 面向对象程序设计（第 2 版）. 北京：清华大学出版社.

朱福喜. 2015. 面向对象与 Java 程序设计. 北京：清华大学出版社.